360度全景探秘

最不可思议

异形动植物

主编 李阳

天津出版传媒集团
天津科学技术出版社

图书在版编目（CIP）数据

最不可思议的异形动植物 / 李阳主编. 一天津：

天津科学技术出版社，2012.4（2021.6重印）

（360度全景探秘）

ISBN 978-7-5308-6986-4

Ⅰ.①最… Ⅱ.①李… Ⅲ.①动物－普及读物 ②植物

－普及读物 Ⅳ.①Q95-49 ②Q94-49

中国版本图书馆CIP数据核字（2012）第078776号

360度全景探秘——最不可思议的异形动植物

360DU QUANJING TANMI —— ZUI BUKE SIYI DE YIXING DONGZHIWU

责任编辑：王　璐

责任印制：刘　彤

出　　版：天津出版传媒集团 / 天津科学技术出版社

地　　址：天津市西康路35号

邮　　编：300051

电　　话：（022）23332399

网　　址：www.tjkjcbs.com.cn

发　　行：新华书店经销

印　　刷：永清县晔盛亚胶印有限公司

开本 690 × 940　1/16　印张 10　字数 200 000

2021年6月第1版第5次印刷

定价：35.00元

目录

动物篇

一、史前动物之谜 / 3

两万年前留下的“速冻巨象” / 4

恐龙灭绝之谜 / 6

是龙或是鸟的中华龙鸟 / 8

议论纷纷的恐龙蛋 / 10

地球最大的肉食动物化石 / 12

海豹干尸之谜 / 14

二、奇特动物之谜 / 17

双头三眼蜥蜴 / 18

“烂肉团”揭秘记 / 20

会讲人话的猫 / 22

能说人话的黑猩猩“坎兹” / 24

靠鼻子行走的奇异动物 / 26

会飞的狗 / 28

无法命名的动物 / 30

“天降”怪动物——鳄龟 / 31

奇异的双头蛇 / 32

用尾巴呼吸的弹涂鱼 / 34

母猫生小狗 / 36

三、珍禽异兽之谜 / 37

九头鸟之谜 / 38

拒绝长大的美西螈 / 40

美女蜘蛛 / 42

南美奇兽 / 43

四、动物怪异行为之谜 / 45

动物“气功师” / 46

禁圈之谜 / 48

动物杀婴原因之谜 / 50

动物集体自杀之谜 / 53

神秘生物篇

五、神奇的生物之谜 / 57

复活的绝迹动物 / 58

神奇的加拿大角兽 / 61

加利福尼亚的大海蛇 / 62

大波湖的怪物 / 63

出没在乔治亚河的庞大怪兽 / 64

六、水中生物之谜 / 65

海底“人鱼” / 66

人腿鱼怪 / 68

活生生的“奇迹” / 69

海底里的外星人 / 71

喀纳斯湖中的巨鱼 / 73

神秘的海牛 / 75

七、恐怖的水怪之谜 / 77

海怪之谜 / 78

不明真相的海洋巨蟒之谜 / 80

神秘的尼斯湖怪 / 82

长白山天池“怪兽”之谜 / 84

青海湖怪兽之谜 / 85

科莫多“怪兽” / 87

八、类人生物之谜 / 89

“大脚”木乃伊 / 90

奇异的“人猴” / 92

神秘的海底人 / 94

植 物 篇

九、奇花异草之谜 / 99

开花臭似粪的植物 / 100

十字梅花发声之谜 / 101

会跳舞的“风流草” / 103

“孪生草”之谜 / 105

有人形图案的稀世大灵芝 / 107

十、怪异的植物行为之谜 / 109

植物的报复行为 / 110

植物世界的相生相克 / 112

会“说话”的植物 / 114

能使人产生幻觉的植物 / 117

胎生的植物 / 119

会运动的植物 / 122

吃荤的植物 / 125

十一、奇特的树木之谜 / 127

奇怪的“妇女树” / 128

“流血”的树 / 131

神奇的“蝴蝶树” / 133

孕有八个不同“子女”的奇树 / 134

会发出人声的古树 / 136

怪树让人流鼻血之谜 / 138

百年老树自爆之谜 / 140

药树 / 142

会走路的树 / 144

吃人树 / 146

能改变味觉的树 / 148

动物篇

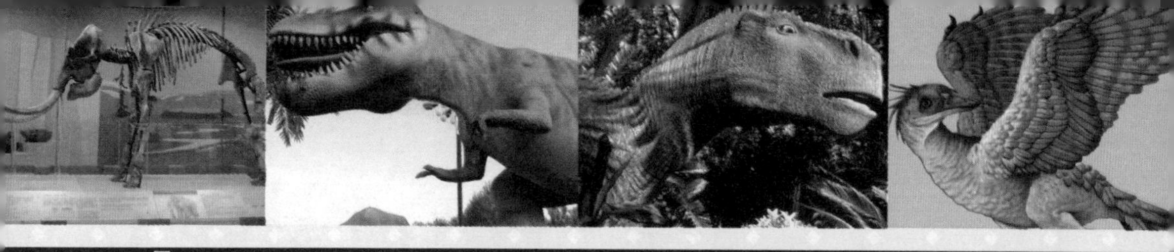

一、史前动物之谜

两万年前留下的“速冻巨象”

◆ 古代长毛象化石

◆ 长毛象

在西伯利亚的毕莱苏伏加河畔，1979年在冻土里发现了一头半跪半立的古代长毛象。这头长毛象显然是被“速冻”的，因为它不但身上的肉新鲜如初，最奇异的是它的毛发里藏着鲜花。

在西伯利亚的冻土带，有许多这样的巨象。经专家测定，它们和前面提到的那头长毛象一样，至少生活于距今两万年以前。毕莱苏伏加河流域的很多人见过那头象的肉，既鲜嫩又富有弹性。而以往或其他地方发现的被深埋

冰藏的古动物，都是骨肉难分，黏成一团。

那么，古长毛象的鲜肉是怎样保存下来的？它们的死因是什么呢？有人说，这是古长毛象在觅食时失足坠下冰川而死，最后被天然冰箱冻藏起来，所以能历经万年而保持新鲜。

事实是不是这样的呢？经过研究考证，至今没有找到可靠的证据说明为什么会出现这种情况。这头古长毛象的肉为何万年新鲜不变，可能是一个永远的谜了。

◆ 西伯利亚红嘴鸥

恐龙灭绝之谜

在远古的中生代，地球上到处是爬行动物。其中在动物史上影响最大、留给后人话题最多的莫过于恐龙了。但由于它距离我们生活的时代太过遥远，使人们觉得它神秘莫测。而且时至今日，关于恐龙的灭绝原因尚未找到最有权威的说法，却又有许多关于恐龙犹存的事实披诸报端，让人不禁自问，恐龙到底是灭绝了还是一直在地球上繁衍生息呢？如果它们灭绝了，其原因是什么？如果还活着，它们在哪里？

◆ 冰河时期

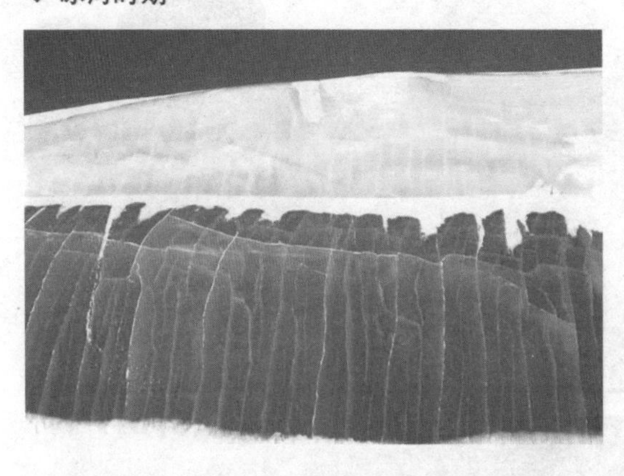

传统的观点认为，恐龙是最早称霸世界的远古爬行动物，有关专家根据考古发现的恐龙化石推断，它最早出现于2亿年前的三叠纪中

期，是一个拥有数百个属种的庞大家族，它们在地球上活跃了1亿多年，到了6 500多万年前的白垩纪末期，由于自然界的剧变导致了它在地球上灭绝。那么这是怎样的一种剧变呢？它是以何种方式令恐龙灭绝的呢？

科学家们提出的解释方案也有很多，有3种比较有影响力的观点。一种认为是重量级的行星碰撞地球，致使大量生物毁灭；一种认为是气温的变化，是雌雄比例失调，最终导致毁灭；一种认为恐龙是一种恒温动物，由于地球在白垩纪末期发生了全球性的温度下降，没有毛羽的恐龙无法适应急剧变冷的气温，故大批死亡而绝灭。

遥远而神秘的恐龙给人类留下了这么多费解的谜，有待进一步的调查研究。

◆ 恐龙

是龙或是鸟的中华龙鸟

◆ 中华龙鸟

1996年末到1997年初，世界多家新闻媒体争相报道了中国辽宁省北票市四合屯出土的一只“最原始的鸟”——中华龙鸟。中华龙鸟的研究者、中国地质博物馆馆长季强研究员指出，这只带“羽毛”的化石是鸟类的真正始

◆ 中华龙鸟觅食

祖，其时代为侏罗纪晚期，它的特征证明，鸟类是由恐龙进化而来的。

然而几乎就在同时，1996年10月17日，美国《纽约时报》刊载，中国科学院南京地质古生物研究所陈丕基研究员在北美古脊椎动物学会第56届年会上公布了一只同样产于四合屯的“带羽毛的恐龙”的照片，引起了与会者的极大兴趣。

◆ 侏罗世鸟类羽毛化石标本

研究证明，中华龙鸟的形态特征和身体大小与产于德国的一种小型的兽脚类恐龙——美颌龙相似，它们可以被归为一类。古生物学家们对中华龙鸟身上的似毛表皮衍生物的功能进行了讨论，一些人认为它可能是一种表明性别的“装饰”物；另一些人则认为它是一种保温装置。

那么，中华龙鸟究竟是恐龙还是最初的鸟，两派科学家各执己见，争论不休。

议论纷纷的恐龙蛋

◆ 恐龙骨骼化石

◆ 恐龙蛋

提起恐龙蛋，也许很多人并不陌生。前几年在我国河南西峡地区发现了大量的恐龙蛋，许多还被化石贩子走私到国外；更有甚者，一些学者还声称从其中的一枚蛋里提取出了恐龙的DNA（遗传基因）。一时间，恐龙蛋成了各种报刊、各地的电视台和广播电台竞相炒作的热门话题。

西峡地区发现的大量恐龙蛋确实引起了学术界和社会的极大反响。其发现的化石地点遍布西峡县以及相邻的内乡县和淅川县的15个乡镇、57个村。在西峡、内乡两个县的3个乡镇、4个村，还发现了恐龙骨骼化石。恐龙蛋和恐龙骨骼化石的覆盖面积达8 578平方千米，

发掘出的恐龙蛋超过5 000枚。如此大量的发现在世界上确数奇观。这些恐龙蛋及恐龙骨骼化石的发现，不仅为研究恐龙及恐龙蛋的分类提供了材料，而且为进一步了解恐龙的繁殖方式，研究古地理、古气候、古地貌、古生态环境以及地层学和埋藏学提供了大量的宝贵信息。

近来，我国科学家还在产于广东南雄和山东莱阳的恐龙蛋中发现了蛋壳病变的现象，从而为研究恐龙大绝灭问题提供了新的观点和依据。

随着恐龙蛋的继续发现和研究的继续深入，恐龙蛋还将为科学家解开一个个自然之谜作出贡献。

◆ 恐龙蛋

◆ 小恐龙骨骼化石

地球最大的肉食动物化石

◆ 墨西哥

◆ 深海怪物

◆ 蛇颈龙

据英国《泰晤士报》报道，德国古生物学家日前在墨西哥阿拉蒙布里地区挖掘出了一具可以说是地球上有史以来最庞大的肉食动物的完整化石。科学家经过鉴别，认为它可能正是1亿5千万年前统治着海洋的最恐怖的食肉动物——绰号为“深海怪物”、“海洋霸主”的“里奥普鲁顿·菲洛克斯”。

古生物学家们期望从这具化石身上了解到“里奥普鲁顿”的众多秘密，包括它的最后一顿晚餐内容以及它的死因等。研究人员在它如一辆小汽车一样大的头骨上发现了一个大洞，他们分析认为，这可能正是导致这只“里奥普鲁顿”丧命的原因——当它掠食时，也许不慎遭到了猎物临死前的凶猛反击。

比较一些此前在蛇颈龙化石骨骼上发现的被咬伤痕，科学家们发现这些伤痕与“里奥普鲁顿”的齿印非常接近，这意味着“里奥普鲁顿”也以某些蛇颈龙为食。

但是，有关这种巨大的海洋霸主的死因以及它的生活习性还有待科学的进一步考证。

◆ 墨西哥

海豹干尸之谜

南极洲是海豹之乡，许多科学工作者在那里考察时，发现了许许多多海豹，论数量可称世界第一，估计有5 000～7 000万头，平均每平方千米竟能见到144头各种海豹。

更为令人惊奇的是，南极洲不仅海豹数量多，而且海豹干尸的

◆ 海豹

数量也特别多。这些海豹干尸，不是发掘自海滩中，而是出现于远离海岸大约60千米的干谷里，这更使科学考察人员感到奇怪。

南极洲的海豹虽然有好几种，但是干谷里发现的海豹干尸，却只有食蟹海豹和威德尔海豹两种。科学考察人员估计，这可能是因为

◆ 南极洲

它们在南极地区海豹中数量占优势的缘故。从发现的海豹干尸来看，大多数体长在1米左右，属于幼年海豹，成年海豹的数量极少。它们身体形状都完整无缺，一点也没有腐烂，同人的干尸差不多的模样。

科学工作者对这些海豹干尸的形成原因进行了仔细的研究和探索，也没有得出可以让人信服的结论。这些干尸至今还是一个谜。

◆ 沉睡的海豹

二、奇特动物之谜

双头三眼蜥蜴

◆ 蜥蜴

一只蓝舌、双头且长着三只眼睛的蜥蜴曾在澳大利亚悉尼博物馆展出。

该蜥蜴有两只眼分别位于双头的边缘处，而最令人惊奇的是，在双头的连接处居然长出了第3只眼睛。

据报道，澳大利亚的科学家们对这只在新南威尔士州一户人家后院发现的新奇蜥

◆ 双头三眼蜥蜴

蜴充满了兴趣，但目前他们还不能确定是日趋严重的环境污染抑或只是一种自然变异造成了蜥蜴现在的“怪模样”。现在，越来越多的怪异动物出现了，它给人类敲响了警钟，告诫人们要善待自然，善待地球。

◆ 蜥蜴

◆ 蜥蜴

“烂肉团”揭秘记

◆ 黏粘菌

◆ 陕西省历史博物馆

1992年8月22日，陕西省周至县尚村乡张寨村25岁的村民杜某，到临近的户县涝店乡永守村北的渭河中打捞浮柴，在泥潭里无意中踩到了一块肉乎乎的东西。

“什么东西？莫非是这几天连降大暴雨，洪水把秦岭山中的野猪冲到河里了。”杜某暗自高兴起来。他稳稳地踩住脚下的“肉团”，将“肉团”搬到岸上，结果发现只是一团烂肉。

过了两天，杜某和同村青年结伴凑近“烂肉”瞧了个仔细，看到旁边多了几只死鸟和死鱼，并都已经腐烂。而那堆“烂肉”却始终没有苍蝇去骚

扰，也闻不到异味。这就奇怪了，莫非是“宝”？在同伴的帮助下，他把“烂肉”提回了家。

“烂肉”团食之无味，过了几天还长了几斤，村里人都感到很奇怪。“肉团怪物”的特大新闻迅速飞出，传遍了十里八乡，传到了北京。

经过全面的分析和研究，专家认为，不明生物体既有原生动物的特点，也有真菌的特点，是活的生物体，是世界罕见的大型黏菌复合体，也是我国首次发现的珍稀生物。

◆ 黏菌

◆ 渭河大桥

会讲人话的猫

◆ 经过训练猫可以说人话吗

这只会说话的猫有一个响亮的名字：唐斯科将军，它20多年来一直陪伴着主人伊凡露娃女士。它在10年前突然开始讲俄语，并逐步可以说100多个不同的俄语单词，而且还可以说一些简单的句子。

莫斯科大学的动物行为心理学家杜巴切科医生说："这是我所遇到的最不可思议的事情。最初，我是抱着极度怀疑的态度的，但后来我完全相信这只猫真的懂得讲话，可与人类沟通。"

伊凡露娃说："每当它感到肚子饿或想上街时，都会说话。如果不如它的意，就会大发脾气。"“将军”是一只脾

气很怪的雄猫，加上它讲话时声音粗哑，做它的主人也不容易。但伊凡露娃颇懂得欣赏“将军”的优点，她讲：“它很有礼貌，喂它吃饱后就会讲‘多谢’，自己逛街回来，就会对我说‘我回来了’。”

10年前的一天，伊凡露娃准备带“将军”去坐火车，把它放入一个密封的篮子里，“将军”表现得很不高兴，突然讲了一句：“你小心点！”把伊凡露娃吓得连呼吸也差点儿停止，甚至不能相信自己的耳朵。从那日起，“将军”便开始讲话，后来学会了越来越多的词语。

伊凡露娃打算在“将军”离开这个世界后，把它捐给科学家，让他们去解剖、研究这只怪猫，希望能解开猫会讲人话的谜团。

◆ 猫真的会说话吗

能说人话的黑猩猩“坎兹”

据《新科学家》报道，一只名为“坎兹”的非洲倭黑猩猩在实验室中令人惊奇地发声说话，这是科学家首次发现猩猩能像婴儿一样，用不同的发声表达不同的意思，“动物没有语言能力”这一科学论断由此遭到巨大挑战。

负责“坎兹”研究工作的科学家杰德·塔克里特拉和瑟勒·斯威吉·若班思观察到，当她们和“坎兹”交流时，“坎兹”能发出一些起伏有异的音调。塔克里特拉说：“我们正在研究产生这些极有韵律感的声音的原因。”

据塔克里特拉和若班思证实，“坎兹”能够说出4个不同意思的单词：banana（香蕉）、grapes（葡萄）、juice（果汁）和yes（是）。在说出这些单词时，“坎兹”声音的音调趋于一致。塔克里特拉对此表示：“我们没有

教它这些单词的发音，它是自己‘领悟’到的。”

猩猩“说话”的事实具有重大的科学意义，密歇根州立大学的约翰·米特里表示：“这个事实给猿类的研究带来了一线阳光，不过，我们距离彻底揭示动物的语言问题的奥秘还有很长的距离。”

靠鼻子行走的奇异动物

◆ 蜗牛

◆ 鼻子行走的动物

除鲸等少数动物外，哺乳动物一般都有 4 条腿，靠这 4 条腿奔跑觅食、逃避敌害。可是想不到世界上竟还有一类不用腿走路却用鼻子步行、大头朝下尾巴朝天的怪兽，在动物学上把它们叫做“鼻行动物”。鼻行动物栖息于南太平洋的一群古岛——哈伊艾爱群岛上。

鼻行动物是胎生哺乳动物，共有14科189种。它们拥有一个很大的家族，在动物进化史上占有一定地位。

鼻行类动物的最大特征是它们的鼻子构造极为特殊，有的只有 1 个奇形怪状的鼻子，有的有 4 个鼻子或更多的鼻子。它们的鼻子千姿百态，有的像根柱子，有的像个喇叭，有的像只蜗

牛。其鼻子也有多种功能，不但可用鼻子爬行、跳跃，甚至能用鼻子捕捉虫子。鼻子在它们的生活中起着第一位的作用。动物学家给它们的鼻子起了个名字叫“鼻性步行器官”，简称“鼻器”。

鼻行类动物的另一个特征是四肢逐渐退化。鼻行类动物的第三个特征是大部分体表有毛，皮毛有各种各样的颜色，有的身上还长有硬鳞。它们的皮毛很细，有光泽，很漂亮。足尖、耳朵、尾、鼻端一般都没有毛。

鼻行类动物是怎样进化成现在这个样子的，引起了广大动物学家的兴趣，但至今为止仍没有破译出来。

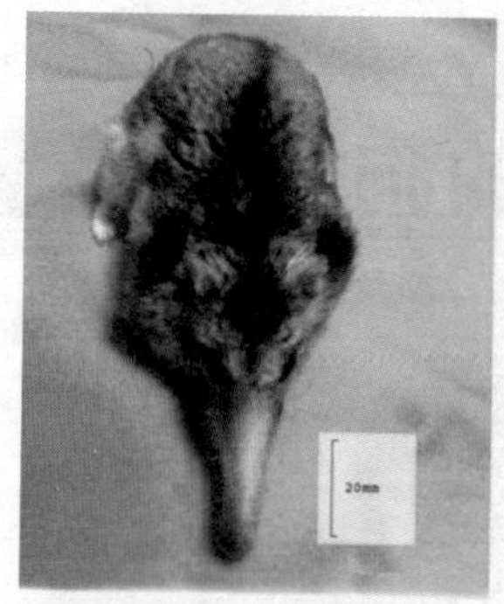

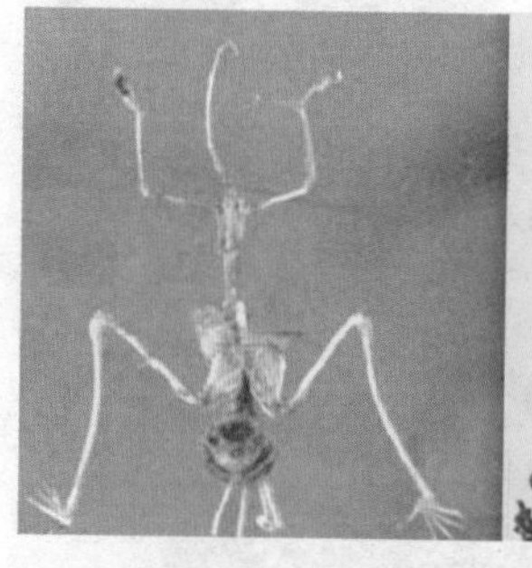

◆ 鼻子行走的动物

会飞的狗

◆ 有会飞的狗吗

会飞的狗和普通的狗十分相似：有着长长的脸、深棕色的大眼睛、长长的耳朵和经常保持湿润的鼻子。它的个子不大，头几乎占全身的1/3。身上的毛又亮又软，但不太长，全身均为浅灰色。公狗与母狗的区别在于，前者头部的毛为鲜黄色。

然而，会飞的狗毕竟又不同于普通的狗。它喜欢用两只后肢（或者用一只后肢）抓住某一突出的物体，从而使头朝下，并使头与身体呈垂直状态。在动物园里，会飞的狗很少飞翔，但经常活动翅膀，其翼展可达0.5米。

科学家认为，这种似狗非狗的动物属于现代哺

乳动物中最大的一个目——翼手目。

从近东到非洲（从埃及北部到安哥拉南部）均可见到会飞的埃及狗。在那里，这种动物十分平常，而在别的地方就较为罕见了。目前，只有欧洲和美洲的9个动物园饲养着它们的幼畜。

被驯服的、会飞的狗很喜欢与人接近。目前，对这种动物的考察研究还在继续进行。

◆ 埃及北部

无法命名的动物

一般情况下，动物都会有一个名字作为代号，但自然界中有一种动物却难以命名。

这种奇怪的动物生活在东南亚热带雨林中，它体大如猫，但又不像猫，其后肢间有一张皮膜沿着体侧相连，宽度可达1.2米。凭借这张皮膜它能在树枝间滑翔60米远，活像一只巨鸟。但怎样给这种动物取个适当的名字，迄今仍争论不休。正如美国国立博物馆的哺乳动物馆长汉特莱所描述的那样："它的体型太奇异了，使我们难以为它取名，它已经经历了一个漫长的进化历程，而且在这条道路上变得越来越奇形怪状。"

多年来，世界各国动物学家为给它取名已伤透脑筋，但是没有满意的答案。也没有从古代的化石中找到一丝半点的痕迹，也就无法分析它是如何进化的，所以如何为其取名，仍是一个悬案。

“天降”怪动物——鳄龟

这种动物长相奇特，粗看酷似鳄鱼，但背上又多了个“乌龟盖”。这个“盖”很大，上面有3条纵行的背棱，边缘有许多尖齿突起，像锯子似的，它的头、颏和颈部长着许多疙瘩。这种奇异的小动物名叫“鳄龟”，性情凶猛，行动缓慢，主要食用鱼虾等肉类。在水中，“鳄龟”的嘴大张着，一根红色线状物在抖动，这是它捕食时独有的诱饵。“鳄龟”生性较“懒”，平时很少主动捕食，就趴在水底，大张着嘴，鱼虾很容易被它红色的舌头迷惑，误以为那是鱼虫而自投罗网。

◆ 鳄龟

这种动物主要分布在北美洲，属于乌龟类，以攻击来保护自己，头和四肢无法伸进壳内，几乎都在水中生活。

奇异的双头蛇

◆ 双头蛇

近几年来，在山西省稷山县翟店镇西小宁村，有人在村前果园发现过一条奇特的双头蛇。这一稀世珍宝的双头“蛇神”，却和老实的村民张培武有缘。一天中午，年近六旬的村民张培武往村前的果园送粪，车至园边的南崖根下，他发现地下有截“草绳”。他随意用脚踢了一下，不想落地的一瞬他心头一惊：哎呀，这不是村里传说的那条双头“蛇神”吗？

张培武小心翼翼地拎起蛇尾，眯眼仔细端详：双头蛇长约尺许，粗如食指，浑体金黄，已冻僵成一根“冰棍儿”了。张培武就带回家精心饲养。

4个月之后的仲夏，双头蛇在张培武夫妇的精心呵护之下，竟长得浑体光溜，活泼可爱。若遇见生人，它会双头昂起，吐着芯子“示威”；而当张培武在场时干咳一声，它又会伏下双头贴着瓶底，乖巧地盘起来。不久之后，张培武还根据双头蛇的表现来判断天象。

据一位蛇类专家讲，双头蛇与“连体人”同理，亦属“一卵双胎”。不过，因双头蛇属野生，稀世罕见。据说，百年来虽有风传有人发现过双头蛇，但目前为止国内捉到的活物仅仅几例而已。

用尾巴呼吸的弹涂鱼

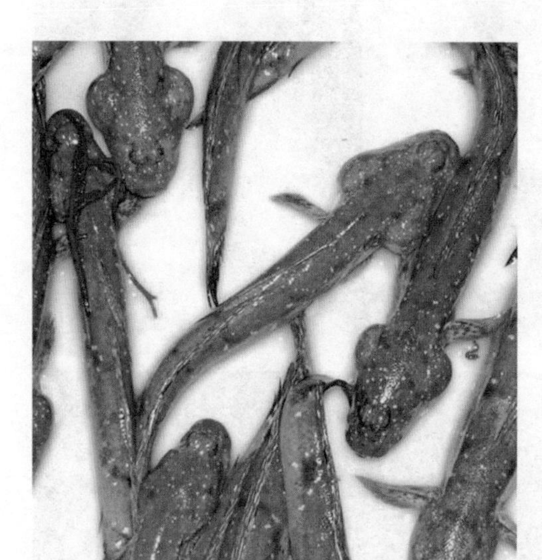

在印度生长着一种让人琢磨不透的弹涂鱼。它长期生活在淤泥里，离不了水，但又可以在陆地上行动自由，还能爬树、捕食昆虫。它用尾巴呼吸的独特生存方式更让人着迷。

弹涂鱼的尾部皮肤上布满了血管分支，人们发现，它上岸捉虫时，总是将尾巴连同尾鳍伸进水里，再腾空捕食飞虫。身体着地后，尾巴仍然会留在水中。弹涂鱼将尾巴伸进水里

◆ 弹涂鱼

并非吸氧而是吸水。吸水的目的在于保持身体各部位的潮湿润泽状态，进而满足用体表分泌大量黏液、从而获取空气中的氧的需要，而经由尾巴得到的氧是微乎其微的。弹涂鱼之所以能长时间脱离水，是因为它的尾巴可向身体供水，使之能用身体表面来呼吸，这样，它的尾巴竟演绎成了非同小可的呼吸器官。

◆ 弹涂鱼

母猫生小狗

近段时间，到湘乡市栗山镇永安村七组村民张林松家来看热闹的人越来越多，他家的一只猫竟生下了一只狗。

这只猫是张林松家1998年喂养的，已先后产过3胎。2001年4月27日，它又生育第4胎，一共3只小猫。没想到22天后，这只猫又一次生产，而且，这一次它生下的竟是一只狗。

这只小母狗除脚爪有点儿像猫外，其他地方跟狗一模一样。猫妈妈似乎没觉得这个“女儿”有什么特别的地方，哺乳、玩耍，一视同仁。

主人和邻居都觉得此事挺稀奇，因为平常并未见这只猫与狗有过亲近。那么，这只小狗的父亲到底是谁呢？猫真的能生狗吗？要想回答这个问题，还需要动物学家的努力和探索。

三、珍禽异兽之谜

九头鸟之谜

◆ 民间艺术——九头鸟

在中国古代的诗文描述和民间传说中，九头鸟笼罩着一层神秘的色彩，成为神鸟、怪鸟或不祥之鸟。近几年来，有的报刊报道了湖北省恩施自治州、湖南省石门县等地发现了九头鸟的消息，从而引起了国内外的关注。

在驰名中外的生物宝库、奥秘王国——神农架，奇禽异兽种类繁多，有不少九头鸟的目击者，张新全就是其中之一。

张新全，农民，初中文化。他是在1982年11月一个阴天的上午10时左右看到九头鸟的。当时，他在神农架林区泮水张八角庙燕子洞附近的承包土地上点种土豆，突然听到空

中有鸟的奇特嘘叫声，像沉闷的哨音，跟他以前听到的各种鸟叫声不同。他寻声望去，这一看令他大吃一惊：发出怪叫声的是一只簸箕大的巨鸟，包括翅膀在内大约有两米，其羽毛黑灰色；更使他惊骇的是该鸟长有一簇脑袋，大约有九个头，嘴巴（喙部）呈红色；它的尾部也很奇特，呈圆扇形，既像孔雀开屏，又像车轮，旋转而飞。一会儿，这只九头鸟便飞进了远方的山林。

1994年7月的一天傍晚，张新全在堂房村2组一处黑沟的山林中劳动，又一次听到了九头鸟从天上飞过的奇特叫声。12年前，张新全目睹九头鸟并听到它的叫声之后，便留下了刻骨铭心的印象，很容易分辨出九头鸟的怪叫声音。可惜这次天已昏黑，没看清九头鸟的形貌。

◆ 石门县中学

拒绝长大的美西螈

美西螈是两栖动物，幼时生活在水中，长大后在陆上生活。野生的美西螈生活在墨西哥城附近的苏奇密柯湖中。在阿兹泰克语中，“美西螈”是“水怪”的意思。

美西螈外表看来是蝾螈的幼体，但性器官成熟，可以繁殖，许多年来一直令人迷惑不解。1865年，法国科学家有惊人的发现：美西螈确实是未成熟的蝾螈。有几条幼小美西螈在实验室的水槽中自发变为成熟蝾螈，羽状鳃开始脱落，并且长出较长的尾巴。

◆ 瘤背蝾螈

它们为什么长不大？这简直是一个令人不能理解的谜！后来科学家终于

发现几种蝾螈和几种东方蝾螈，在幼体时期都已经达到性成熟阶段，这种特征为幼体期性成熟。美西螈是幼体期性成熟动物的一种，只是更进一步：性器官发育成熟，具有生殖能力，科学家称此现象为幼体生殖。

通过实验发现，在美西螈生活的水中加碘，可以诱导它发育为成体。躯体受到摇撼，显然会产生同样的效果；有时即使没有显著的原因，美西螈也会突然自发变为成体。

美西螈为什么会有这样的特征，还需要科学的进一步研究。

◆ 可爱的美西螈

美女蜘蛛

◆ 人脸蜘蛛

这只小蜘蛛的背部好像是张人脸，眼睛、鼻子、嘴巴轮廓清楚，栩栩如生。让一名技艺精湛的雕刻师来完成这样的杰作，恐怕也是有难度的。发现蜘蛛的人说："如此像人脸的蜘蛛，别说是看到了，以前连听都没有听过。"

发现美女蜘蛛的人叫陈润梅，是商标印刷三厂职工，一天下午 3 点多，她和同事去更衣室换衣服。把钥匙插进钥匙孔里转了两圈，刚要推开门，她突然发现门上有个小东西在往下爬。"当时我就不敢动了，也不敢碰它，小蜘蛛停下来后，正好是头朝下，我就发现它的背部非常像人脸。"

陈润梅赶快叫来两个同事，三个女同志围着小蜘蛛，大呼小叫的谁也不敢去捉，后来用个小纸筒扣住蜘蛛，才算是没让小蜘蛛溜了。

这只小蜘蛛的背部怎么会有人脸的轮廓呢？是偶然生的还是蜘蛛的新品种？这还有待于进一步的研究。

南美奇兽

南美的奇兽就是贫齿目的动物。贫齿目动物是这块大陆上最有特色的代表性动物，分三科：犰狳科、食蚁兽科和树懒科。它们都是大陆最古老的哺乳动物。贫齿目动物有两个特征：一是无齿或少齿；二是大脑不发达。

犰狳

犰狳又称“铠鼠”，因为它的体态和形状仿佛是只身披铠甲的大老鼠。

犰狳身上的铠甲由许多小骨片组成，每个骨片上长着一层角质物质，异常坚硬。于是，这幅铠甲便成了它们最好的防身武器。每每遇到危险，若来不及逃走或钻入洞中，犰狳便会将全身卷缩成球状，将自己保护起来。虽然犰狳的整个身体都披着坚硬的铠甲，但这却不妨碍它们的正常活动甚至快速奔跑。原来犰狳只有肩部和臀部的骨质鳞片结成整体，如龟壳一般，不能伸缩；而胸

背部的鳞片则分成瓣，由筋肉相连，伸缩自如。

除了铠甲，犰狳的另一个防身术是打洞。犰狳习惯夜行性生活，所以一般不容易被见到。要想见到它们只能在晚上。

◆ 树懒

树懒

树懒可谓世界上奇异动物的好例证。

树懒的第一奇是“倒悬术”。它们一生中的大部分时间是头朝下度过的。树懒细长而弯曲的爪子，像结实的钩子一样紧握住树枝，头朝下一动不动地长时间悬挂着。

树懒的第二奇是“睡眠术”。树懒当数动物王国的睡觉冠军，它们平均每天睡眠十七八个小时，即使醒来也极少活动，故此被称做“懒”。

树懒的第三奇是“隐蔽术”。树懒有极巧妙的伪装术，当绿藻、地衣等植物孢子落到树懒毛上，由于树懒身上散发的蒸气和树懒呼出的碳酸气的影响，便在树懒身体的毛上滋生着。

四、动物怪异行为之谜

动物“气功师”

◆ 老鼠

◆ 蛇

在非洲的赞比亚，有一种会“硬气功”的老鼠，当地的土著居民管它叫拱桥鼠。这种鼠大的有500多克重，如果有人用脚踩它，它就用锁骨抵在地上，拱起脊背，全身“运气”，施展出它奇特的“硬气功”。一个60千克重的人踩在它身上，等于是它体重的100多倍，但拱桥鼠却一声不吭，像没事儿一样。就是使劲用脚踩它，它也绝不叫唤一声。等到人把脚抬起来，压力消除的时候，拱桥鼠立刻就会溜之夭夭了。

在西班牙的马德里地区，更是“藏龙卧虎”。这里生活着一种绿色的“气功蛇”，它的“气功功夫”可以说到了炉火纯青的程度。这种蛇类“气功大师”艺高蛇胆大，在天气炎热的时候，喜欢从草丛里爬到光滑的马路上，大模大样的乘凉。当载重汽车开过来的时候，它虽然预先感觉到地在颤动，但它绝不会爬走逃命，而是鼓起肚子里的贮气囊，并且快速把气体输送到全身，等汽车轮子从它身上轧过去之后，这位“气功大师”才得意洋洋地爬走。

看起来，气功并不是我们人类的专利，在动物世界里也有不少天生的“气功大师”呢。它们的奥秘在哪里至今仍然是谜。但生物学家们正在研究，相信不久的将来，我们一定会知道答案。

禁圈之谜

◆ 兴安塔

凡是看过《西游记》的人，一定都知道孙悟空用金箍棒画“禁圈”的故事：妖魔鬼怪无法进入圈里，唐僧等坐在圈里安然无恙。这个故事的灵感很可能是源于貂熊的“禁圈”。

在我国东北大兴安岭的林海深处，生活着一种既像紫貂、又似黑熊的动物，它就是貂熊。它有一个异乎寻常的本领，每当饥饿时，它

会用自己的尿在地上撒一个大圈，凡是被圈入圈中的小动物如中魔法，竟不敢越出圈外，只能待在圈内一动不动，乖乖地等待貂熊来捕食。更为奇怪的是，圈外的豺狼虎豹等野兽，也不敢撞入圈内。因此这个“禁圈”具有了捕食与自卫的双重职能。

然而，貂熊的尿液中究竟含有什么成分？为何具有如此的魔力？至今还是个谜。

◆ 貂熊

◆ 大兴安岭

动物杀婴原因之谜

◆ 鹰

近几十年来，从科学家野外工作所取得的资料表明，野生动物中杀婴现象十分普遍。从灵长类、食肉类、啮齿类，一直到鸟类、鱼类都有发生。动物杀婴的死亡率竟然远高于人类中的谋杀甚至加上战争造成的死亡率。因此，当近几年来有关杀婴的报告开始频繁地出

现时，许多科学家都感到困惑，环绕杀婴的原因，动物学家、人类学家、社会生物学家展开了激烈的争论。

以美国伯克利大学的人类学家多希诺为代表的一些学者认为，杀婴是由环境拥挤造成的一种压迫效应。证据是在种群密度很高的猴子中确有杀婴现象，实验室空间狭窄的鼠笼里饲养的小鼠也常咬死刚生下的幼鼠。野外条件下，一些较高等的社群动物如猩猩、狒狒和猴子，当发生种内冲突时，幼体常遭杀戮。当种群密

◆ 黑猩猩

◆ 灵长类

◆ 灵长类

度升高，食物显得不足时，淘汰幼体是为了减少对食物的竞争，如黑猩猩会咬死并吃掉非亲生的幼体；姬鼠会咬死企图吃奶的病弱幼体；黑鹰会啄死第二只孵出的雏鸟。

有些学者将这种杀婴比做一种残忍而不经济的节育措施，因为在动物社会内，还不可能有完善而有效的避孕方法，就是在人类社会的早期，杀婴也是比流产安全的一种措施，而且选择性的杀婴还有优生意义。

动物杀婴的原因究竟何在，还是个待揭之谜。

◆ 狒狒

动物集体自杀之谜

人们知道，每年总有上千头鲸鱼拥上沙滩集体“自杀”。例如，1946年10月10日，835头虎鲸凶猛地冲上了阿根廷马德普拉塔城海滨浴场，结果全部死亡，尸体几乎布满了整个浴场。又如，1979年7月16日，在加拿大欧斯峡海湾的沙滩上，躺着100多头鲸的尸体。那天，当这批前来“自杀”的鲸突然从海中冲向沙滩时，渔民们驾着渔船，开起水龙头，想阻挡它们冲上沙滩；他们还用绳索，把一些已经冲上沙滩的鲸拖回海里。可是，毫无用处。再如，1980年6月30日上午，有58头巨鲸，游上澳大利亚新南威尔士

◆ 乌贼集体自杀

◆ 鲸鱼集体自杀

◆ 形似乌贼

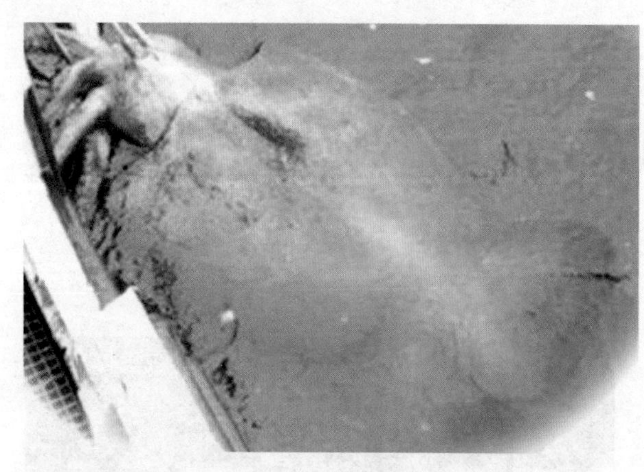
◆ 巨型乌贼

◆ 鲸鱼自杀

州北部海岸西尔·罗克斯附近的特雷切里海滩死亡。

除鲸以外，还发现过乌贼“自杀”事件。1976年10月，在美国的科得角湾沿岸辽阔的海滩上，突然涌来成千上万的乌贼，它们前赴后继，勇往直前登上海岸集体“自杀”，尸体布满了沙滩，目睹者惊恐万分，无论采取什么办法，都无能为力。可是，事情并没有到此为止。11月，乌贼集体“自杀”事件，沿着大西洋沿岸往北蔓延。有时一天竟达十万只之多！这场巨祸一直延续了两个多月，直到12月中旬才戛然而止。

一些动物的集体自杀之谜还有待进一步的研究。

神秘生物篇

五、神奇的生物之谜

复活的绝迹动物

在所有据说已经绝种的动物中，最有可能仍然生存下来的一种就是塔斯马尼亚虎，它是袋狼科动物。这是一种凶猛的袋狼目掠食动物，约有1.8米长，身上长有极大的、张开的钳口，臀部有斑纹，它的俗名就是这么来的。

◆ 塔斯马尼亚虎

袋狼科动物在塔斯马尼亚存活了相当长的时间，可是，这种动物被英国早期的殖民者疯狂杀灭，因为英国人认为，这种动物对他们的羊群是个巨大的威胁，到1910年，这种动物在野外就很少见到了。最后一只确认的样本是1933年在弗罗伦泰谷抓到的，3年之后死在霍巴特动物园，1936年，这种动物就被宣布“可能绝迹”。

可是，袋狼科从来就没有完全从视线里消失。一件典型的事件发生在1982年3月。当时，一位布须曼老人名叫汉斯·纳阿丁，他住在塔斯马尼亚西北部萨尔

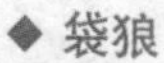

◆ 袋狼

曼河的河口。晚上两点多的时候，发现了类似袋狼的动物。根据他的叙述，人们也只能信其有，不能信其无。

但是，现在的问题是，还没有足够的证据，让世人相信它们的存在。

神奇的加拿大角兽

头上有角的加拿大怪兽“沙帝”是像海蛇的怪兽，它位于加拿大亚伯达省艾得蒙吞东北175千米的“马鞍湖”。

据目击者说，它全长约70米，全身覆盖着黑褐色的毛发，在像马头的头部前顶部上，长着像角一样的东西。

大约在100年前，这个湖泊已有怪兽出没的记录。不过，一段时间内有高达10件的目击报告相继提出，很快，这个怪兽便变成了人们瞩目的焦点。但是2004年7月31日和8月1日，在亚伯达大学所进行的为期两天的调查，并没有特别的发现。之后，同年的11月，亚伯达大学的调查队带着电脑和声纳仪，前往湖旁进行首次真正的调查，但仍未有新的发表结果。

◆ 圣地亚哥

加利福尼亚的大海蛇

◆ 海蛇

有人在美国加利福尼亚的斯提索比金，发现了体长30米左右的大海蛇。1983年10月31日下午，马德·兰特等5人，在公路的修复工程进行中，偶然地发现了这种怪物。

“他全身通黑，从水面上可看到头部和3个瘤子！”兰特又说：“头部像蛇的怪物，向四周张望了一会儿，马上就又消失在水中了。”另外，卡车驾驶员斯蒂夫·比琼也看到了怪物。他说：“好像一条大鳗鱼在跳舞一样，非常快速地游动着。”

对于这件怪事，当地的杰克森·斯维森博士的评论是：“可能是因为逆光的关系，错把鲸鱼当成怪物吧！”

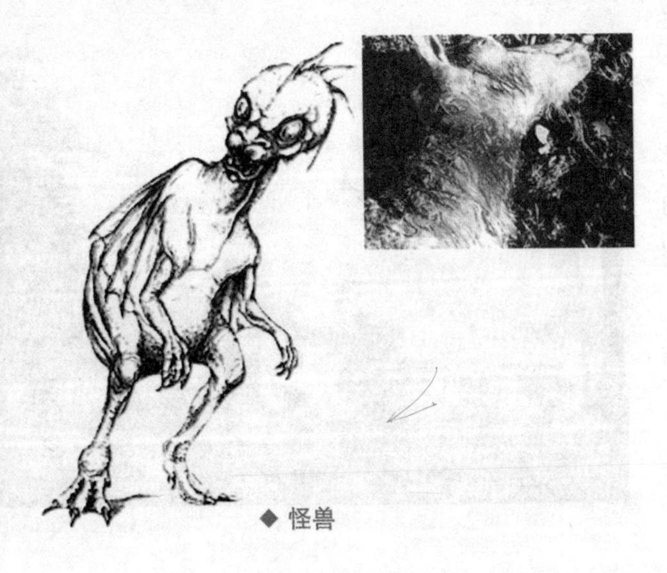
◆ 怪兽

大波湖的怪物

大波湖内生活着巨大的生物。住在澳洲悉尼河南方布雨马汀的雷克斯·吉雨洛伊（自然学家，新南威尔士自然历史博物馆和澳洲奇异动物调查中心的主持人），1981年9月，在悉尼河北方的大波湖，拍到了在湖面游动的巨大生物。

暗褐色的怪物留下弯弯曲曲的波纹，约在10分钟后消失了踪影，但吉雨洛伊说："它可能是蛇颈龙的一种，湖里至少有20至30只！"

出没在乔治亚河的庞大怪兽

◆ 海牛

传说美国的乔治亚河里，潜藏着身躯庞大的怪兽。据目击者说，怪兽身躯长 6 米，躯体圆圆胖胖的，脸上有两个又扁又大的眼睛，皮肤是带绿的茶色。在乔治亚州从事捕抓鳝鱼的拉里 · 克因和史蒂芬 · 威尔逊，在拉河里捕捉器具时，发现了这头怪兽。

当时，两人在查看河底是否有绳索连不到的大洞穴，突然，波涛汹涌，小船摇晃不已，环顾四周的两人，在看到水面好像有两个瘤子样的东西的同时，也看到了一个像大海蛇的怪物。体长约6米，和人类的身躯一般高大。两人说："怪兽的样子近似海牛类，但是相貌非常奇特。"

几年前，两个在码头工作的先生描述说，在湖中看过怪兽，它有着像茶色轮胎的身体，在水面起伏，并抬头张望。

六、水中生物之谜

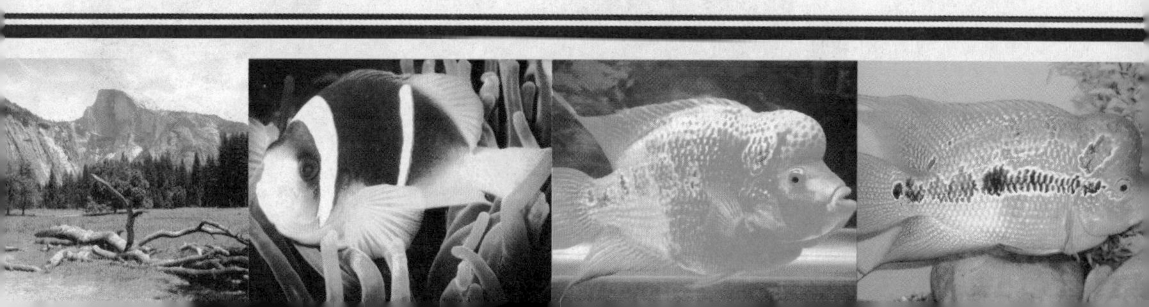

海底“人鱼”

老普利尼是一位记述过“人鱼”生物的自然科学家，在他的不朽著作《自然历史》中写到：“至于美人鱼，也叫做尼厄丽德，这并非难以置信……它们是真实的，只不过身体粗糙，遍体有鳞，甚至像女人的那些部位也有鳞片。”

◆ 油画人鱼

1962年曾发生过一起科学家活捉小人鱼的事件。英国的《太阳报》、中国哈尔滨的《新晚报》及其他许多家报刊对此事进行了报道。前苏联列宁科学院维诺葛雷德博士讲述了经过：1962年，一艘载有科学家和军事专家的探测船，在古巴外海捕获一个能讲人语的小孩，皮肤呈鳞状，有鳃，头似人，尾似鱼。小人鱼称自己来自亚特兰蒂斯市，还告诉研究人员在几百万年前，亚特兰蒂斯大陆横跨非洲和南美，后来沉入海底……现在留存下来的人居于海底，寿命达300岁。后来小人鱼被送往黑海一处秘密研究机构里，供科学家们深入研究。

诸如“人鱼”这类海底奇异生物的存在由于有了实物作证，那么它也就由人们所谓的“荒诞”、“迷信”、“神话”的东西转变为当前一项严肃的科学研究课题了。

人腿鱼怪

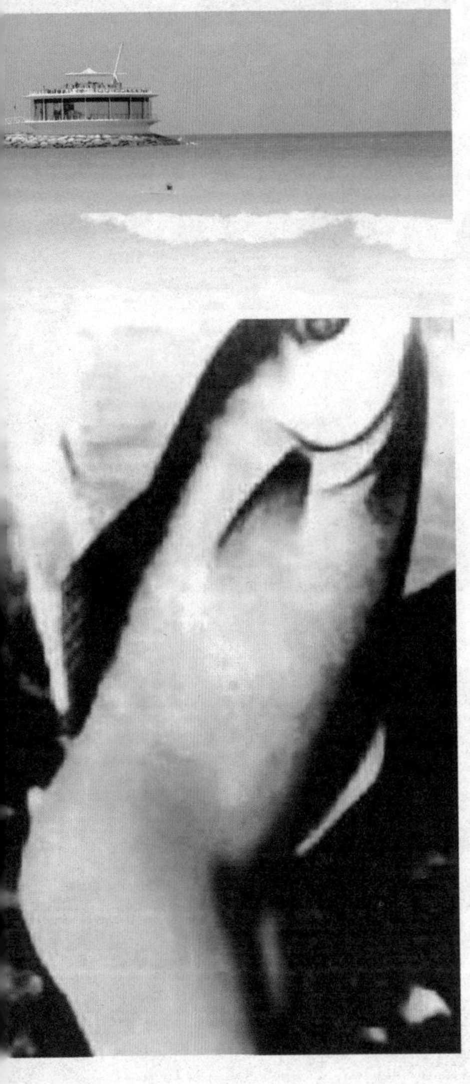

渔民们在阿拉伯海的浅水湾中，意外捕捞到了一条世界上绝无仅有的人腿鱼怪。当地居民看到这个令人毛骨悚然的鱼怪后，疑为碰上了不祥之物，便纷纷惊恐地离开现场。

幸好来这里观光的一名外地游客带着摄像机，他好奇地拍下了这一珍贵的镜头。英国鱼类学家克·卡雷勃认为，这张照片是真实的，它清晰地反映出鱼怪的全貌。长期以来，这种海洋生物一直被人们视为具有传奇色彩的神话中的鱼怪。19世纪中期，埃·格雷顿爵士首次对这种神奇生物作了详述。

1993年在美国加利福尼亚州，一条死鱼怪被海潮冲到海滨浴场的岸边。但遗憾的是，当专家们赶到现场时，这条鱼怪早已腐烂变质，已无法将其保存下来。

然而，鱼怪照片是很有说服力的佐证材料，它有助于我们更好地分析和研究这种半鱼半人的海洋生物的生理构造和生活习性。但令人遗憾的是，像这种价值连城的鱼怪标本从来没有落入科学家的手中。

活生生的“奇迹”

许多人认为太平洋里的怪兽、尼斯湖怪兽等都是无稽之谈，根本不可能存在。他们认为生活在恐龙时代的生物根本不可能还会活到今天。但是奇迹的确发生了：一种生活在4亿年前远古时代的古老大鱼——矛尾鱼，真正的活化石，被人们捕捞上岸。这一惊人的发现证实了大海里确有古老生命的后裔存活着。

◆ 科摩罗

1939年1月，正在英国度假的生物学家史密斯教授收到了一封寄自南非的信，寄信人是在南非博物馆工作的生物学家拉蒂迈女士。信中夹有一张不知名的鱼的速写图，信里写道：“去年12月22日，我在集市上发现了一条奇怪的鱼，从来没见过。它有1.5米长，有个奇怪的像矛一样的尾巴，背上长着两个鳍，是附近渔民在海里捕捞上来的。我想它肯

定是我们尚不知道的一种鱼，所以我把它买了下来。请问教授，这是什么鱼？”

史密斯教授看完后，惊叫了一声：“这不是生活在 4 亿年前的矛尾鱼吗？”他急急忙忙地找出了古生物化石图鉴，对照结果，一点儿没错，这正是矛尾鱼。可是，人们只在古老的岩层里发现过它在4亿年前生活时的化石。“难道还会有活着的矛尾鱼？”教授实在不敢相信这是真的，根据化石测定，矛尾鱼 4 亿年前生活在淡水水域里，于7000万年前的白垩纪灭绝。

1952年12月24日，史密斯教授突然接到一封急电：“矛尾鱼找到，请立刻来看。”这是船长汉特从非洲东南部的岛国科摩罗的一个小岛上发来的。

从来不甘落后的日本人也亲自开着船跑到了南非附近的印度洋上，终于在1981年也捕到了一只。20世纪80年代，矛尾鱼还从非洲远道运至我国的北京自然博物馆展出过。

海底里的外星人

1825年的一天夜里，一艘轮船上的全体船员都成为下述事件的目击者：一个巨大的发光体以 7 度的倾角从海中腾空而起直击云天，后来，这一现象又复现一次。这一巨大发光体像一颗烧得通红的弹丸。

20世纪，类似的怪异现象曾发生过多起。1972年，北约在大西洋水域曾举行一次海军军事演习。当时，参加演习的一艘破冰船正处在大西洋北部水域。一天晚上，船员们亲眼

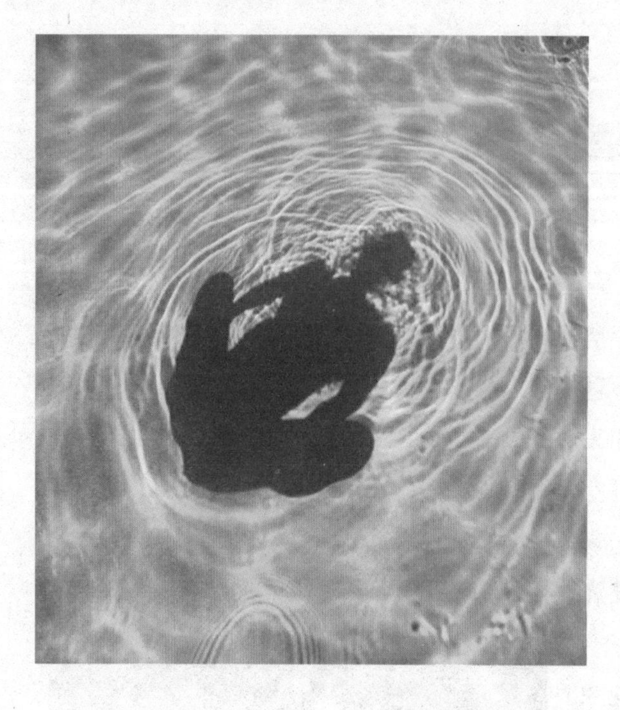

目睹一场奇观：突然从冰封的大海中冒出一个弹丸形银灰色怪物，它撞碎了3米多厚的冰层后便一下消失在云天中。被抛向空中的巨大冰块落入封冻的海面，将冰层撞击出几个大窟窿。

俄罗斯著名超自然现象专家基泽利在研究和总结20世纪70年代中期的UFO现象时强调指出，曾发现和记录下飞碟从海中钻出水面，然后又飞回大海深处的事件。他认为，对UFO的来源有以下3种推断：一是来自深山；二是来自深海；三是来自太空。而且很可能，这3种来源同时并存——要知道，世界其大无比，海洋又如此广漠浩瀚，宇宙更是无际无垠。因此，可以说，哪里出现生命，哪里就不可避免地会出现演化——出现智能生物。

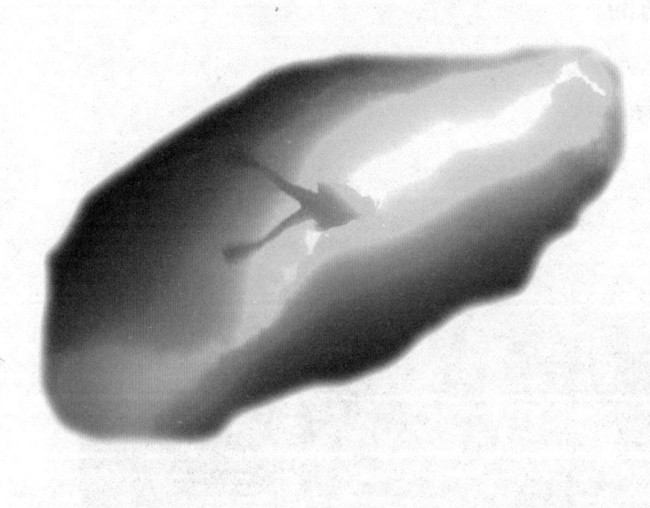

 喀纳斯湖中的巨鱼

相传喀纳斯湖湖面常有一种怪现象：突起的巨浪腾空翻腾。有时在阳光的照射下还会呈现一片刺眼的红光，湖边的牛、马，也时常莫名其妙地失踪。据当地的居民讲，早在20世纪30年代，人们曾在湖中捕到过一条巨鱼，仅鱼头就犹如一口

大锅。因而，人们推断，喀纳斯湖的怪现象是巨鱼在兴风作浪。

1985年7月，新疆大学生物系向礼陔副教授带领的保护区考察队，又在喀纳斯湖发现了巨鱼，最大的鱼头几乎有小汽车那样大。同月24日，新疆环境保护科学研究所的一支考察队，在湖面上发现了几个红褐色的圆点，起初以为是浮生植物，后用望远镜观看，发现竟是巨大的鱼头浮在水面，还露出一点儿背脊。据目测，最大的鱼头近1米宽，鱼体大约有10米，所有大鱼的总数近100条。

但是，至今没有捉到一条喀纳斯湖中的巨鱼，也就不能下定论。

神秘的海牛

◆ 女海神

国外有“海神”的传说。据说海神长着牛脑袋，颇像中国神话“牛头马面”中的牛头。世界上究竟有没有这种动物呢？

根据一幅插图断言，世界上的确有过这种动物。例如前苏联出版的科普读物《我想知道一切》的插图画着一堆牛骨，背景是一个古瓶式的石碑，上面写着“1741—1768”字样。

据称“1741”代表人类第一次发现“海神”的年号。这一年，俄国“彼得大帝”号考察船曾在白令海中的一个小岛附近遇上了海怪，它身长9米多，浑身褐红，头上长着弯弯的一对牛犄角，在海崖中

◆ “牛头马面”

跃上潜下，威风凛凛。船上的水手发现，这只海怪尾随船只却毫无伤人之意。有几个水手坐上小船慢慢接近了它，甚至有人用手摸它，奇怪的是它丝毫不加反抗。

据记载，1910年，丘库半岛南端曾有一只死海牛被冲上岸，可惜缺乏科学知识的居民一涌而上把它瓜分了。

据报道，1962年在白令海中，一艘军舰还发现过海牛。另外，前苏联一位学员，曾把自己发现的海牛残骸交给了国家。经鉴定，这些残骸不足200年，因此可证明海牛并没有在1768年绝迹。

近年来，俄罗斯生物学家再次掀起了一股海牛考察热。他们采取深入民间的方式，向白令海岸居民征询海牛的传说。尽管有人自称亲眼目睹过海牛，并绘声绘色地叙说这种怪物的特点，但至今在科学上也没有更大的突破。海牛的有无仍是一个谜。

七、恐怖的水怪之谜

海怪之谜

◆ 大章鱼

自古以来，世界各国的渔夫和水手们中间就流传着可怕的海中巨怪的故事。

1861年11月20日，法国军舰“阿力顿号”从西班牙的加地斯开往腾纳立夫岛途中，遇到一只有5～6米长、长着2米长触手的海上怪物。船长希耶尔后来写道：“我认为那就是曾引起不少争论的、许多人认为虚构的大章鱼。”希耶尔和船员们用鱼叉把它叉中，又用绳套住它的尾部。但怪物疯狂地乱舞角手，把鱼叉弄断逃走。绳索上只留下重约40磅的一块肉。

1878年11月2日，加拿大纽芬兰3个渔民在海滩上发现一只因退潮而搁浅的巨大海洋动物，渔民们说，它

身长足有7米，有的角手长达11米以上，角手上的吸盘直径达10厘米，眼睛足有脸盘大。渔民们用钩子钩住它，怪物挣扎了一会儿，不久就死去了。

经过后人的取证，虽然这些报道中仍不免有夸张成分，但其中至少有一种从前人们认为“不可能存在”的海中巨怪得到证实，那就是大王乌贼。

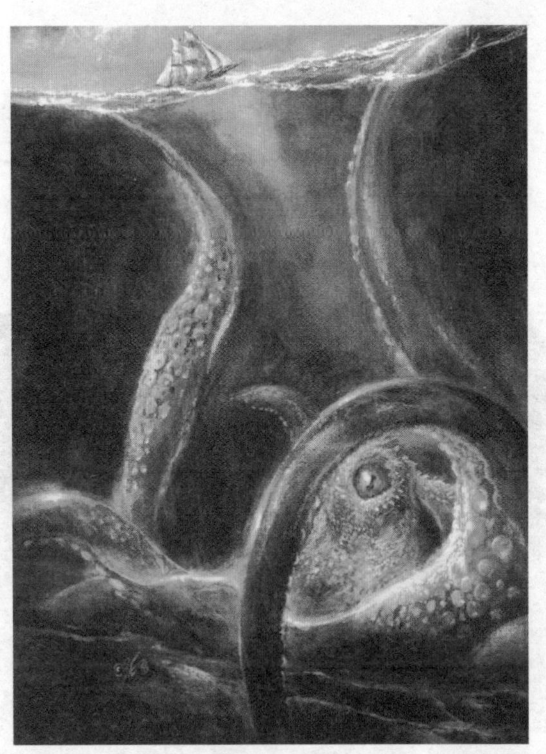

◆ 大王乌贼

不明真相的海洋巨蟒之谜

◆ 空棘鱼

◆ 巨蟒

1817年8月，曾经在美国马萨诸塞州格洛斯特港的海面上目击海洋巨蟒的索罗门·阿连船长这样叙述道：“当时像海洋巨蟒似的家伙在离港口130米左右的地方游动。这个怪兽长40米，身体粗得像半个啤酒桶，整个身子呈暗褐色。头部像响尾蛇，大小同马头。在水面上缓慢地游动着，一会儿绕圈游，一会儿直游。巨蟒消失时，笔直钻进海底，过了一会儿又从约180米远的海面上重新出现。”

1877年，一艘游艇在格洛斯特发现巨蟒，在距艇200米的前方水中做回旋游弋。

1910年，在洛答里

（音译）海角，一艘英国拖网船发现巨蟒，它正抬起镰刀状的头部，朝船只袭来。

1936年，在哥斯达黎加海面上航行的定期班船上，有8名旅客和2名水手目击巨蟒。

1948年，一艘在肖路兹（音译）群岛海面上航行的游览船，有4名游客发现身长30余米，背上长有好几个瘤状物的巨蟒。

1938年12月，有人在南非洲的东南海域捕获了空棘鱼。当时，世界上没有一个学者相信这一事实。因为空棘鱼生活在3亿年前的海中，约1亿年前数量逐渐减少，在7千万年前完全消失匿迹了。

1952年至1955年，人们在同一海域又捕获15条活空棘鱼，如今没有一个学者怀疑空棘鱼的存在了。那么，许多人目睹的海中巨蟒会不会是史前的动物呢？我们期待着水落石出的那一天。

◆ 肺鱼

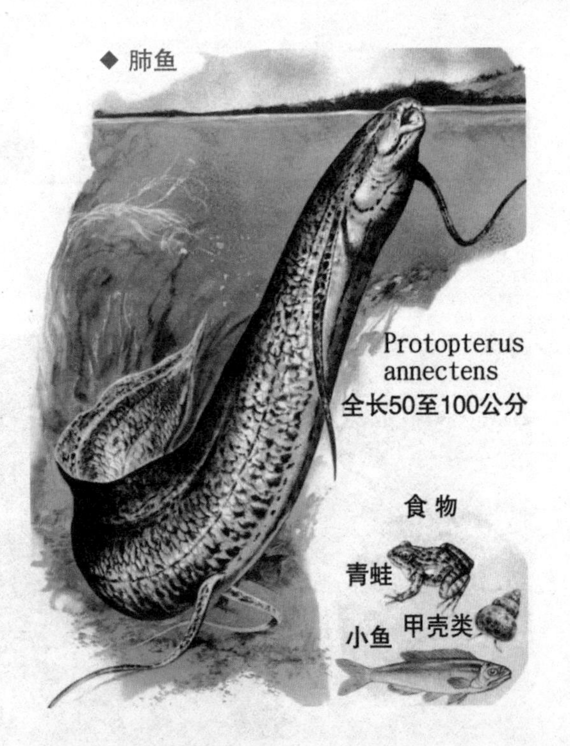

神秘的尼斯湖怪

尼斯湖水怪，是地球上最神秘也最吸引人的谜之一。

尼斯湖位于英国苏格兰高原北部的大峡谷中，湖长39千米，宽2.4千米。面积并不大，却很深，平均深度达200米，最深处有293米。该湖终年不冻，两岸陡峭，树林茂密。湖北端有河流与北海相通。

关于水怪的最早记载可追溯到公元565年，爱尔兰传教士圣哥伦伯和他的仆人在湖中游泳，水怪突然向仆人袭来，多亏教士及时相救，仆人才游回岸上，保住性命。自此以后，10多个世纪里，有关水怪出现的消息多达10 000多条。但当时人们对此并不以为然，认为不过是古代的传说或无稽之谈。

直到1937年4月，伦敦医生威尔逊途经尼斯湖，正好发现水怪在湖中游动。威尔逊连忙用相机拍下了水怪的照片，照片虽不十分清晰，但还是明确地显出了水怪的特征：长长的脖子和扁小的头部，看上去完全不像任何一种水生动物，而很像早在七千多万年前灭绝的巨大爬行动物——蛇颈龙。

1975年6月，美国波士顿派考察队到尼斯湖，拍下了更多的照片。其中有两幅特别令人感兴趣：一幅显示有一个长着长脖子的巨大身躯，还可以显示该物体的两个粗短的鳍状肢。从照片上估计，该生物长6.5米，其中头额长2.7米，确实像一只蛇颈龙。另一幅照片拍到了水怪的头部，经过电脑放大，可以看到水怪头上短短的触角和张大的嘴。于是有人下了结论“尼斯湖中确有一种大型的未知水生动物。”

由于现在没有捕捉到水怪，人们对于水怪是否存在争论不休，谁也不能妄下结论。

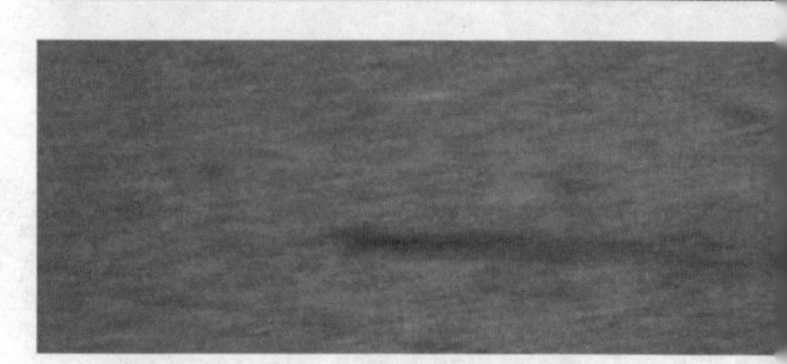

◆ 水怪略影

长白山天池“怪兽”之谜

长白山天池“藏天然之秘，蕴蓄万古之灵奇”。它不仅以人间罕见的绝美景色为中外游客所惊叹，同时也以许多未解之谜吸引着大量游人。其中“天池怪兽之谜”就是极为引人注目的一个自然之谜。

许多年来，有很多人都声称在天池发现有奇特的“怪兽”出没。这给天池又增添了几分神秘的色彩，也引起了许多科学研究人员和科学爱好者的极大关注。尤其是在1980年9月18日，《延边日报》发出一条惊人消息：“长白山天池发现奇异动物，有关部门正在密切观察中。”消息石破天惊，在全国激起了巨大波澜，世界各国也引起了强烈的反响。在不到一个月的时间里，路透社、法新社、合众国际社等十几家新闻单位都发了消息。国内目睹者们纷纷撰文报道，许多专家、学者也频频发表意见，有的做出推测，也有的提出怀疑。一时间，“长白山天池怪兽”名闻中外，成了人们的热门话题。

◆ 长白山天池

青海湖怪兽之谜

碧波浩渺、亦真亦幻的青海湖，深藏着许多神秘莫测的奥秘。

早在1947年和1949就有人描述说，见过青海湖怪兽：一头比牦牛大四五倍的巨物浮出水面，它似龙非龙，笆斗大的头部圆润无角，双目如电闪闪发光；颈项细长活像巨蟒。

◆ 侏罗纪虾

1982年青海湖鱼场有一条机帆船在湖上作业，船上的人也见到前方有形似渔船的动物沉浮戏浪，欲迫近观察，怪兽已潜入水中，无法看清它的全貌。

1990年5月，中科院组织有关方面专家对青藏高原腹地可可西里无人区进行大规模科学考察。考察队的地质学家们在海拔5 000米的乌

◆ 侏罗纪时期鳄鱼状奇特生物被发现

兰乌拉山西端发现了大量侏罗纪海生物化石，无可辩驳地证明青藏高原距今1亿4千万年前还是汪洋大海，从而推翻了“古老大陆”之说。考察队员，曾留学英国并获得博士学位的古生物学家沙金庚，采集到一套珍贵的中上侏罗纪海生物标本。遗憾的是考察队未能进行深层发掘，那里肯定埋藏着恐龙化石。距此不远的青海湖极有可能幸存古生物，几个世纪以来“湖怪”屡屡被人目击绝非偶然。随着科技的不断进步发展，人类的诸多之谜包括青海湖怪终将会大白于天下。

科莫多“怪兽”

马来群岛中有个名叫科莫多的小岛，岛上炎热、干旱，到处是陡峭的火山岩和砂石滩。关于这个岛的一些情况，人们几乎一无所知。1926年，美国自然历史博物馆的一名青年科学家维·道格拉斯·佰尔登组织了一个考察团来到科莫多岛采集史前恐龙标本。

◆ 科莫多怪兽

一天，一只科莫多怪兽瞪着巨大的黑眼，凶狠地窥视着他们的掩蔽棚，两排尖利的牙齿还不停地磨动着。佰尔登被吓得毛骨悚然，不由自主地哆嗦起来。那怪兽移动着沉重的步子，锯齿一样的舌头一伸一缩，慢慢地走进陷阱，看来是想获取那美味的佳肴。当它窜进陷阱，刚咬住野猪肉，陷阱中的绳套已紧紧地把它捆住了。怪兽凶狠地喘着气，拼命

◆ 科莫多巨蜥

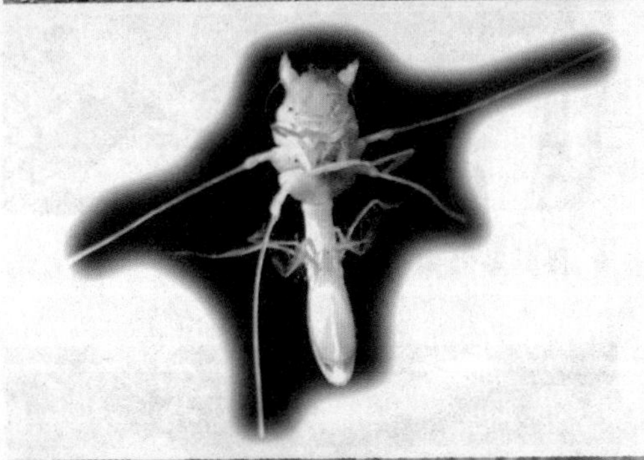

地挣扎着。考察人员们赶紧跑过来，将怪兽拉出，捆在一根结实的树干上，几个人抬着，把这个足有三百多磅重的怪家伙送回营地。他们把怪兽装进一个结实的大木箱里，解开捆着的绳子。怪兽立刻又吼叫起来，在箱子里乱抓乱动。第二天清早，队员们来看怪兽，谁知木箱早成了一堆废木块，怪兽已逃走了。

科莫多怪兽究竟是什么？人们众说纷纭。有的说是恐龙，有的说是巨蜥。不过，有一点可以肯定，它是一种古老的爬行动物，至今仍在科莫多岛上生存着。

但是，也有一部分人认为，科莫多根本就没有什么怪兽，一切都是人们杜撰的，纯粹是以讹传讹。那么，科莫多究竟有没有怪兽呢？如果有，它又是什么呢？这依然是一个谜。

八、类人生物之谜

“大脚”木乃伊

◆ 传说中的“大脚”怪物

◆ “大脚”怪物

早在5 000多年前便已经有“大脚”怪物在地球出没，而且它们还被古埃及人当做神灵崇拜，并在它们死后，把它们的尸体制成木乃伊保存。

据一位荷兰著名科学家称，他最近就在埃及一座5 000多年前的古墓内，找到了一具保存得非常完整的“大脚”木乃伊。

这位名叫真恩·洛基菲纳的考古学家说，该具身高达2.1米的人形怪物，全身用白色的尼龙布包裹着，而它的躯体经过这么多年仍然有95%没有损坏或腐烂，所以不需借助任何仪器，亦可清楚看出它的形貌是什么模样。

“这次发现的意义十分重大，”洛基菲纳博士在阿姆斯特丹透露了他这个惊人的发现，“它证明了‘大脚’怪物不但存在而且已经活了好几千年，并且完全没有任何进化。它

同时显示了这种传说中的怪物曾与古埃及人打过交道，而且还被他们当做神灵般看待，因为如果不是这样，他们就不会把它的尸体如帝王一样制成木乃伊放进墓内保存。”

如果洛基菲纳博士所发现的木乃伊真的是一个“大脚怪”的木乃伊的话，那么，有关大脚怪之谜又新添了一个。

奇异的“人猴”

◆ 人猴大比拼

在菲律宾的一些崇山峻岭中，生活着一种奇异的类人猴。它们的体形与人类有某些相似，但遍体长毛，脊柱尾端长有尾巴，最爱吃人肉，并喜欢以人头做玩具。它们经常袭击村庄，对人和牲畜的危害颇大。因此，人们怀着恐惧的心情称它为“吃人猴”，或简称为“人猴”。

据初步调查，这种猴喜欢过集体生活，成群结队地集中在一起活动。它们似乎已有部落或氏族之类的组织，分为不同的集体，聚居在孤寂的山谷、岛屿和偏远的森林区。它们在争取生存的共同斗争中，逐渐形成了极为原始的语言。在雨季，它们还会用树叶和树枝搭起一个粗陋的掩体。它们在长期使用天然工具的过程中，积累了劳动经验，产生了意识，但还不能自己制造工具。

目前西方有些学者认为，“人猴”可能是人类演化过程中一个被遗留下来的链环；有些学者认为，“人猴”虽然也能直立行走，能使用天然工具，但它们没有发展为人，它们只是从猴到人发展系统中的一个旁支。

西方学者的上述种种推测和论断，谁是谁非、孰真孰伪，目前还难以定论。

◆ 人猴

神秘的海底人

◆ 海底人族

如果说地球上还有另一类神秘的智慧动物——海底人，许多人会认为纯属无稽之谈，然而种种迹象表明，海底也许真的有“人类”存在。

1963年，美国潜艇在波多黎各东海演习时发现了一个“怪物”：它既不是鱼，也不是兽，而是一条带螺旋桨的“水底船”，时速可达280千米，是人类现代科技所望尘莫及的。当时美国海军分头派出了驱逐舰和潜艇追踪了4个小时，最终“怪物”消失得无影无踪。

1968年，美国水下摄影师穆尼在海底看到一个奇异的动物：脸像猴，脖子比人长4倍，眼像人但大得多。当它发现穆尼后，就飞快地用腿部的

“推进器”游开了。

1973年，丹德尔·莫尼船长在大西洋斯特里海湾发现水下有一条似雪茄烟的“船”，长40～50米，以110～130千米的时速航行，直奔丹德尔的船而来。正当船长惊魂不定时，它却悄然绕船而过。时隔半年，北约和挪威的数10艘军舰，在感恩克斯纳歧湾发现了一个被称为“幽灵潜水艇”的水

◆ 传说中的海底人尸体

下怪物。当“幽灵潜水艇”浮出水面时，所有军舰上的无线电通讯、雷达和声纳仪等全部失灵，等它消失后又恢复正常。

后来又出现了两则奇闻：一件是1992年夏，一群西班牙的采海带工人，在海底见到了一个庞大的透明圆顶建筑物；另一件是1993年7月，美、英科学家在大西洋百慕大大约1 000米深的海底发现了两座大型“金字塔”，很像用水晶玻璃建造，边长约100米，高达200米。

种种迹象表明可能有海底人存在，但是还有待新的发现去解开其中的谜团。

植 物 篇

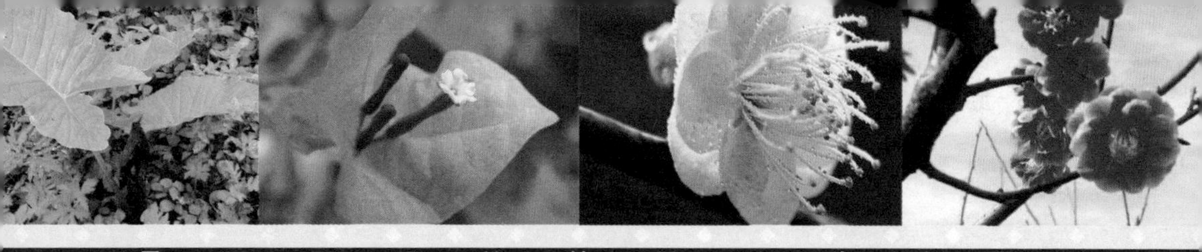

九、奇花异草之谜

开花臭似粪的植物

◆ 独角莲

曾有一则报道文章介绍，江都市郭村镇戴诚家中一植物竟然开出了一朵紫黑色臭花。据悉，这株植物是前一年秋天从别处移来的，当时只是一团块茎。6个月后，一枝幼叶与一朵花蕾同时破土而出。大约半个月，绿叶和花同时长成。该花花瓣与花蕊均为紫黑色，花粉奇臭似人粪，并招来苍蝇盘旋。

这究竟是何种植物呢？中国药科大学中药标本馆馆长宋学华教授分析说：从花与叶的形状及其生长期看，很像是有一定药用价值的独角莲。但查阅各种资料，未看到有独角莲开臭花的记载。

十字梅花发声之谜

我国辽宁省朝阳市退休职工戴某家，出了一件蹊跷事。他家中养的一盆十字梅竟然发出声音，邻里都为此称奇。

1995年3月16日20时30分左右，许多人来到戴某家观看。那盆十字梅真的发出声音，只听“嘟……嘟……”的叫声持续了二三秒钟。此后每隔五六分钟便重复一次。有的人怀疑是昆虫作祟，便对花盆的里里外外、花枝花叶都进行了仔细查找，结果没有发现其他任何生物。

◆ 雪中梅

据戴某的妻子介绍，这盆十字梅于1993年7月从她儿子家挖出幼苗栽植，至今长势良好，未开花朵。1995年正月初七的晚上，老俩口正在家中看电视节目，突然听到“嘟……嘟……”的响声，声音成串，而且长时间不停。夫

◆梅

妻俩以为电视机出了故障，便关了电视。谁料声音却更加清晰、响亮。老俩口又顺着声音寻找，结果发现声音来自电视柜旁的那盆十字梅。他们用手扑打花枝，用力摇晃花盆，却没有丝毫影响。那梅仍叫个不停。从此，一到晚上，它便发出“嘟……嘟……”的声音，而且富有节奏，它每连续叫几秒钟便间息片刻，响声往往彻夜不息。为此，主人只好把它挪到一间空闲房间，晚上关好房门才能入睡。

据朝阳市园林部门的有关人员讲，从未听说也没见过会发声的花草，对戴家这一奇事尚无法解释。

 会跳舞的“风流草”

在菲律宾、印度、越南以及我国云贵高原、四川、福建、台湾等地的丘陵山地中，生长着一种能翩翩起舞的植物，人们叫它“风流草”。

◆ 菲律宾的眼镜猴

名曰“草”，实际上它是一种落叶小灌木。它一般高15厘米，茎圆柱状，复叶互生。它的叶子由3枚小叶组成，中间一叶较大，呈椭圆形或披针形状，两边侧叶较小，呈矩形或线形。风流草对阳光非常敏感，一经太阳照射，两枚侧小叶会自动地慢慢向上收拢，然后迅速下垂，不停地画着椭圆曲线，不倦地来回旋转。这种有节奏的动作就像舞蹈家舒展玉臂，翩翩起舞。

◆ 菲律宾

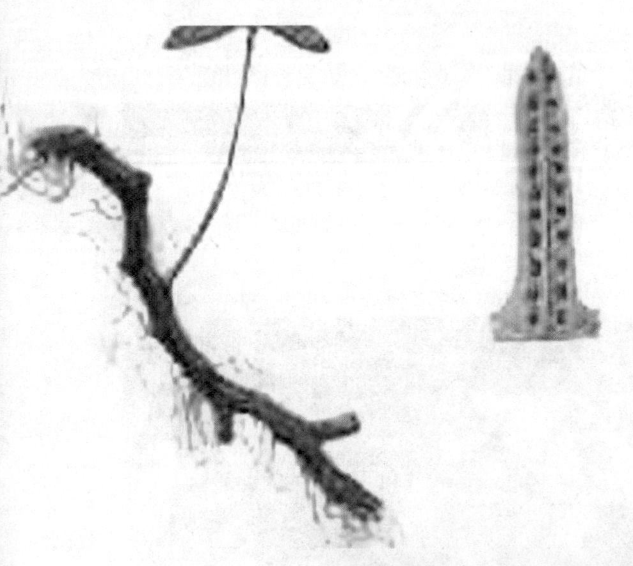

风流草跳起“阳光下的舞蹈”真是不知疲倦，傍晚时分它才停息下来。有趣的是，一天中阳光愈烈的时候，它旋转的速度也愈快，1分钟内能重复好几次。

风流草究竟为何昼转夜停，仍存在着很多疑问，要解开这个谜还需植物学家们的继续深入探索。

◆ 风流草

◆ 小灌木

“孪生草”之谜

在亚洲西部的土耳其，有个叫做卡尔纳加的小山村，村民中的双胞胎出生率竟然高出世界平均水平50多倍。由于卡尔纳加村极其贫困，又缺医少药，婴儿的死亡率高得惊人，但这个村子仅有的150户人家中，目前仍有80对双胞胎。

◆ 土耳其

村里老人们在谈到其中的“秘密”时说，他们除了一年四季呼吸的是山林新鲜空气，喝的是洁净山泉水外，祖祖辈辈还喜食一种叫做“葭”的植物，村民们习惯称之为“孪生草”。

◆ 土耳其风景

据说，长期食用这种植物的妇女怀孕后就可能生下双胞胎，就连牧场上那些吃了“葭”的马、牛和羊产下孪生胎的数量也很惊人。不少人慕名到这个小山村来购买这种奇异植物。然而为什么吃“葭”这种植物会生双胞胎，至今仍是一个未解之谜。

◆ 土耳其

有人形图案的稀世大灵芝

新宾满族自治县有一户普通的人家，男主人是82岁的离休干部杨玉成，在他家中有一棵硕大的灵芝。这棵灵芝的外表异常光滑圆润，更令人称奇的是灵芝的外表中间竟是一个人形。

杨玉成说，这棵灵芝是他弟弟在长白山上采集而来的。他到吉林省抚松县松江河看望自己的弟弟，一进弟弟家，他就发现屋里有一棵硕大的灵芝摆在那里。弟弟告诉他，灵芝是他半个月前在山上采集山货时发现的，当时这棵灵芝长在一棵倒在地上的树干上面。看到哥哥喜欢这个东西，杨玉成的弟弟杨玉书便将这个大灵

◆ 新宾满族自治县

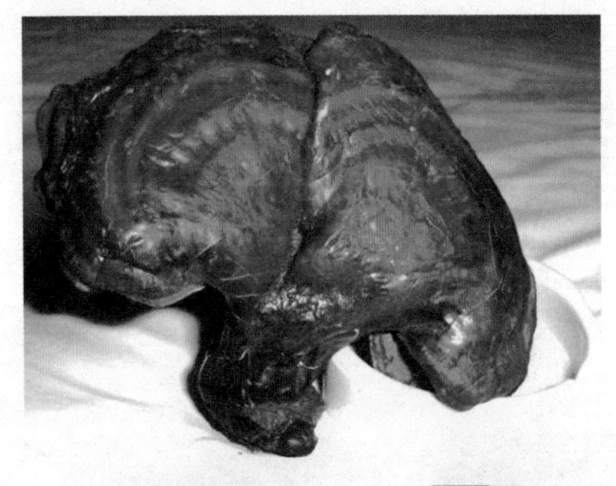

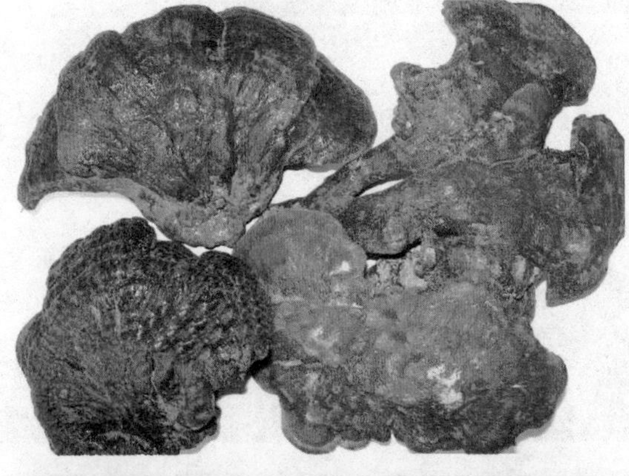

◆灵芝

芝给了哥哥。杨玉成把灵芝拿到家后，便将这棵灵芝简单收拾了一下：在外表酷似人形的位置上粘上白线，还装上了“眼睛”和“红领结”。

杨玉成的这棵大灵芝足有4千克重，捧在手里沉甸甸的。有人用尺子测了一下，这棵灵芝长约70厘米，高约44厘米。杨玉成称，其实这棵灵芝已经被他“加工过了”，为了摆在家中好看，他把灵芝的底部切去了一部分，要不然，这棵灵芝会更大。

大灵芝不稀奇，但灵芝上有人形图案就很奇怪了。

十、怪异的植物行为之谜

植物的报复行为

有一种叫做“库杜”的非洲羚羊，被放养在南非几处观赏牧场里，可是没过多久，它们却接二连三地相继死去。为了寻找原因，有关科学家来到牧场，对周围的环境进行了检查，并做了一些试验，发现羚羊之死，是源于这里的一种叫金合欢树的报复行为。

◆ 金合欢树

原来在牧场里觅食的羚羊啃吃了金合欢树叶，被吃的树的叶子立即释放一种毒气，飘向其他树叶。得到警报的其他金合欢树叶便迅速做出反应，产生出高剂量含毒的丹宁酸。羚羊津津有味地吃下金合欢树叶后，便一命呜呼了。

◆ 落叶松

南美洲秘鲁南部山区有一种像棕榈般的树，巨大的叶子长满了又尖又硬的刺。在天空中飞来飞去的鸟儿累了便停下来休息一会儿。哪知，这种树以为鸟侵犯了它，于是便乘机报复，用尖刺将鸟刺伤或刺死。

但是，植物为什么会出现这样的报复行为，科学家还没有找到答案。

◆ 棕榈树

植物世界的相生相克

◆ 油棕树的种子

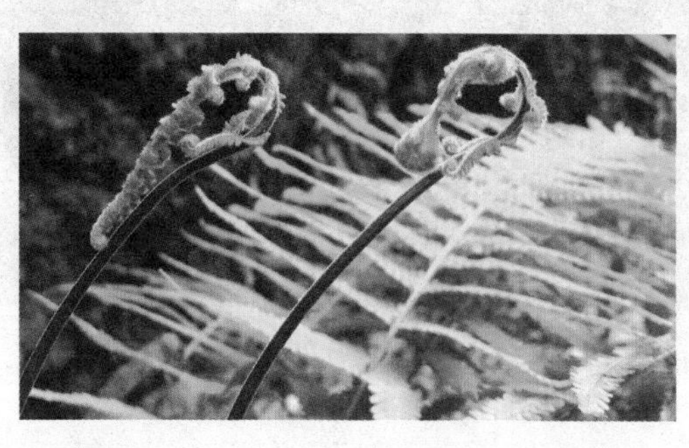

◆ 蕨类

“许多植物跟动物一样，拼命扩大自己的领地，繁殖后代，把其他植物赶尽杀绝，影响了自然界的生态平衡。”中科院昆明植物研究所的植物化学生态学家宋启示这样说。研究植物的“相生相克”，已成为国际上的热门学科。

根据宋启示的研究，桉树是一种可畏的植物，它分泌出一种挥发性物质，“相克”作用非常强。

与动物主要用物理方式实施攻击不一样，植物主要靠释放化学物质来威胁敌手。但有一些山藤也会盘绕在大树上，直接吸食树的营养物质，使树干中空死掉。

昆虫和牲畜有时也会被植物的有毒气体伤害，人吃了某些有毒植物会死亡，这已多有

报道。令人奇怪的是，一些植物在毒杀别的植物时，也会发生“自毒”——把自己及后代毒死。

当然，一些植物更乐于相生。一种蕨类附生在油棕树上，靠油棕树分泌的物质来刺激自己的生长，而对油棕不会产生有害影响。

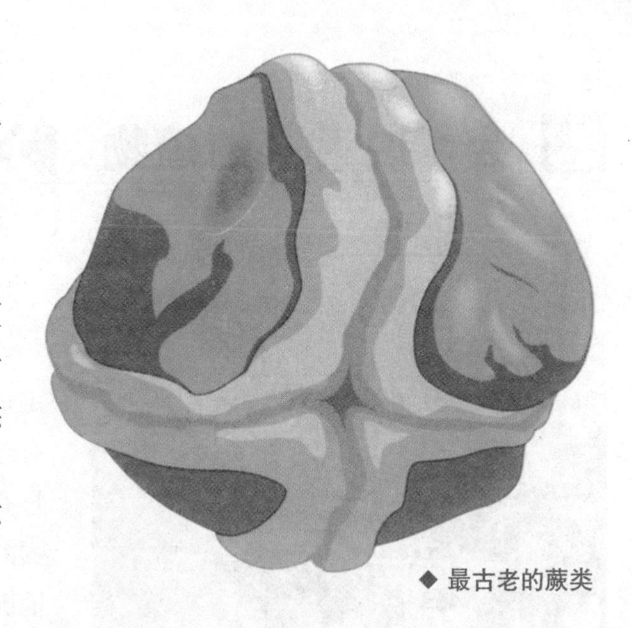

◆ 最古老的蕨类

会“说话”的植物

每当赫拍特·魏泽教授走进森林时，便觉得树木很有趣：“橡树、山毛榉和云杉有幽默感。”这位德累斯顿的生物物理学家已经零碎地破译了一些树木的语言。根据他的测试，树木是通过声音来互相取得了解的，但因音频很高，所以人耳听不见树木发出的声音。

那么植物是怎样互相对话的呢？它们是通过一种能量来进行互相交流，这种能量是微弱的光，可以测量出来，甚至可以通过“剩余能量放大器”使这种光变得看得见。但不管是通过高频声音还是通过光，大多数专家认为，植物完全能够相互进行交流是可以肯定的，否则就不会出现下述现

◆ 云杉

象：一旦槐树的树叶被羚羊或长颈鹿吃光，槐树会产生有毒的苦味物质。这时不仅仅是被涉及的槐树会产生这种物质，周围所有的槐树也都像接到命令一样，开始产生毒物。还有，如果在森林里有一棵橡树病死或者被砍伐。其周围的橡树就会进行动员，它们马上产生更多的种子和果实，好像别的树木要取而代之。

◆ 山毛榉

它们是从哪儿知道需要这样做的呢?美国研究人员已经借助电极在被砍伐的树木周围测出相应的振幅。森林里

◆ 鲸鱼

寂静无声，这其实仅是假象。法国物理学家施特恩·海默说："在20年前也没有人相信鲸鱼会唱歌。现在鲸鱼的歌声已被破译。今后，我们也将使树木的联络声音变得听得见。"

但是，要让人们真正相信植物能够说话，还需要更多的证据来证明，植物会"说话"之谜才会彻底破解。

能使人产生幻觉的植物

有一些致幻植物，吃下去以后，能使某些人产生特殊的幻觉和心理变异。

日本有一群尼姑和几个樵夫吃了一种蘑菇，开始是手舞足蹈，后来竟在野外疯狂地跳起舞来，并持续了几个小时。

15世纪初，非洲奴隶过着牛马不如的生活，每当痛苦不堪时，一些人就吃下一种叫做肉豆寇的果

◆ 有的蘑菇可以使人产生幻觉

实。顷刻间，人们变得精神恍惚，眼前出现美丽的幻景，从而忘掉了自己的悲惨身世和不幸的遭遇。还有一种蘑菇，人食用中毒后会出现幻听，觉得空中有人喊他，人会不知不觉地奔跑，然后又突然发呆，形如木偶。还有一种致幻植物，中毒后会使患者看到面目狰狞的怪兽。

医学研究认为，这些植物中可能含有一种生物碱，人食用后，就会产生幻觉。可是为什么会产生幻觉?又为什么各种植物会产生不同的幻觉?这仍是一个谜。

◆ 非洲奴隶城

 胎生的植物

自然界中绝大多数植物的繁殖都必须经过种子发芽、幼苗、开花、结果这样一个过程。但是也有一些植物，种子成熟后并不离开母体，而是像哺乳动物的胎儿那样在母体中发育，直接在母体的果实中萌发植株，直到长成幼苗后才离开母体，人们形象地把它们称为“胎生”植物。我国境内就有一些这样的植物。我国东南海岸生长着大片大片的红树林，在春秋两季，红树各开一次花，结的果实特别多，像棍棒似地倒挂在树枝上。这些果实成熟后仍然长在母树上，和胎儿一样从母树上获得营养。当嫩绿的枝芽从果实中钻出来，长到30厘米左右时，才从母体上掉落下

◆ 红树

◆ 长白山

◆ 红树

来。由于小树苗长得上细下粗，像个小炸弹，当潮水退落后，树苗一落下去就能插进泥沼中，几小时内就能生出根来。

在长白山海拔2 000米的高山上，有一种"胎生"植物叫株芽蓼。为了适应恶劣的环境，株芽蓼繁殖时不经过种子落地萌发的过程，而是直接在花序上生出一棵棵小株芽。

这些植物为何与别的植物不同，还有待植物学家的进一步研究。

◆ "胎生"植物

◆ “胎生”植物

会运动的植物

向日葵:植物的向性运动可分为向光性、向地性和向触性。向日葵花的向阳是典型的向光性运动。

含羞草:植物与动物不同，没有神经系统，没有肌肉，它不会感知外界的刺激，而含羞草与一般植物不同，它在受到外界触动时，叶会下垂，小叶片合闭，此动作被人们

◆ 向日葵

理解为“害羞”，故称为含羞草。

白睡莲：植物的运动本是普遍现象，按不同的意义理解有各种不同的运动，如植物的原生质运动、膨压运动和生长运动，受外界刺激的运动又有趋向运动、向性运动和感性运动。盛开的睡莲花朵，会随

◆ 含羞草

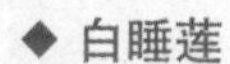

◆ 白睡莲

着太阳落下渐渐关闭，仿佛花晚上也要睡觉，睡莲也因此而得名。

舞草：舞草属豆科，产于华南部分省区。当人们对它讲话或唱歌，小叶片会左右舞动，宛如小草听到你的声音翩翩起舞，因而人们称它为舞草。当今许多植物园都种植有舞草，作为会动的宠物，让人留连忘返。

◆ 含羞草

吃荤的植物

◆ 茅膏菜

宽苞茅膏菜：植物都是依靠叶绿素的光合作用制造营养物质而生存，然而也有少量植物却能捕食小昆虫以吸取营养物质。茅膏菜便是这一类食虫植物。这种植物可捕捉昆虫，然后分泌液体消化、吸收虫体的营养物质。

猪笼草：植物能捕食动物昆虫，这是一种饶有兴趣的现象，除茅膏菜以外，猪笼草科植物是另一类具有捕食昆虫能力的草本植物，猪笼草属植物，全世界约67种，我国广东地区仅产一种。

◆ 猪笼草

黄花狸藻：水中的食虫植物当推狸藻科的种类，黄花狸藻除花序外都沉于水中，叶器上有卵球状捕虫囊，可捕捉水中微小的虫体或浮游动物。夏秋季花序伸出水面开出黄色唇形花。

◆ 猪笼草

十一、奇特的树木之谜

奇怪的“妇女树”

意大利自然科学家罗利斯在尼日利亚丛林深处的印第安人居留地中发现了一棵奇异的树。它高约4米，茎长42厘米，茎的顶端竟长有一个“性器官”。罗利斯对它进行了18个月的观察。

这棵奇树没有花蕾，它的35朵花都是从“性器官”分娩出来的，就像动物生育后代一

样。分娩后15天，鲜花开始枯萎，树的“性器官”也开始收缩。到12月，尼日利亚夏天来临时，又重新分娩。这棵树的果实也在“性器官”内成熟。就像母体内的胎儿，生长期长达9个月，它的外胎呈灰色，草质，内有果肉和几颗核。成熟后就离开母体。但种子没有生命力，不会发芽、生

长。罗利斯把这颗树命名为“妇女树”。他认为“妇女树”大概是印第安人从密林中其他同类树上切树芽移植到居留地，经过精心培育而成活的。为了证实这一设想，罗利斯在森林中徒步跋涉500多千米，终于发现了两棵同类的“妇女树”，并证实了这种树非常稀有，濒于绝种。这种奇树已引起了植物学界的重视，但它特异的生理机能至今仍然是不解之谜。

◆ 尼日利亚丛林

“流血”的树

在英国威尔士的一幢建于6世纪的古代庭院里，耸立着一棵700多岁的老杉树，高达20余米。树上有一条2米多长的裂缝，从这条裂缝中终年不停地流出血液一样的液汁。

在也门首都亚丁东南部8 000千米的索哥特立岛上生长着一种龙血树。它的树干每日不停地流着“鲜

血”。这种植物的“鲜血”只是形态似血，其实是鲜红色的稠树脂。这种“鲜血”在医学上可是名贵的药材。龙血树为什么会“流血”呢?当地民间流传着这样的神话故事，说是古代凶恶可怕的龙在同力大无比的大象搏斗厮杀的时候，因受伤而鲜血直流。这种龙血树就是龙的化身。老杉树、龙血树到底为什么会终日不断地“流血”呢?要科学地解释这一现象，目前还有一些困难。

◆ 龙血树

神奇的“蝴蝶树”

在美国蒙特利松林里，有一种树的树皮呈深绿而近墨黑色，树叶很长，树枝粗糙，表面布满了青苔。奇怪的是，每到秋天，当数不清的彩蝶从北方定期飞往南方去度过寒冷冬天时，都不约而同地纷纷降落在这些黑松树上而不再往前飞行。它们一个又一个地爬满松树的枝叶，双翅紧合，纹丝不动。很快这儿便成了“蝴蝶世界”，所有的这种松树都变成了五光十色的蝶树。直到第二年春暖花开时蝴蝶才悄悄飞去。此时这儿松树依旧，蝶影全无。“蝴蝶树”成了世界上最奇异的生物现象之一，至今仍是世界瞩目的“自然之谜”。

◆ 蝴蝶树

◆ 蝴蝶树

孕有八个不同“子女”的奇树

四川省平武县南坝乡茅湾林场有一株一“母”生八“子”的怪树。主干是春芽树，树径约70厘米，高约18米。

在树干3米处长着一株漆树，再往上是野樱桃、铁灯塔、红构树、林夫树、金银花、野葡萄和悬勾子树，就像

◆ 春芽树

8个子女一般。

每到开花季节，红、黄、白、紫、蓝，五彩缤纷的花朵缀满树冠，呈现奇特的景象。据当地人讲，此树至少有120年树龄。有关部门曾多次考察此树这种现象的成因，但至今仍无结果，成为一个美丽的谜。

◆ 野葡萄

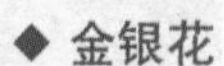

◆ 金银花

会发出人声的古树

湖北省荆门市仙居老街北头长着一棵高39.2米、粗2.9米的皂角树。树干完整，树冠呈扇形，枝繁叶茂，根须遍及3 800多平方米的仙居街。树龄已有320多年。

奇怪的是，从1988年6月开始，当夜深人静之时，这株百年老树便会发出似人的“哼哼”声。一天晚上，70多岁的老人廖光照路过皂角

◆ 皂角树

树底下，猛然听到树底下像有人哼了3声。廖老以为有人和他开玩笑，等了10多分钟却不见人影，便喊了几声，也无应声。这时，他感到有些紧张，急忙跑回家喊来10多个人。过了一袋烟工夫，他们又在原地听到似有人哼了5声。人们感到奇怪，便连续观察很长一段时间。他们发现，每晚11时左右，在这棵树下都能听到似人的哼声。这奇怪的哼哼之声至今还是个谜。

◆ 皂角树

怪树让人流鼻血之谜

1995年，在山东省沂源县中庄乡东韩庄村南，发现了一棵奇异的柏树。该树生于石缝之中，长有两个大枝，高约五六米，从外表上看与其他柏树并无特别之处。但只要有人折了该树的枝条，不论大小，人的鼻孔都会流血。出血时无

◆ 柏树

疼痛感，断断续续，少则一天，多则三四天。

自发现这棵奇异的柏树后，有好奇者多次试验，结果一一应验，现在该村已无人再敢去“冒犯”它。究竟是何原因，有待于有关专家考证。

◆ 柏树绘画

百年老树自爆之谜

在长岛县庙岛群岛上有一株形状奇特、苍劲挺拔的百年古树，这株树高近50米，树身周长4.5米，当地人称之为“祖宗树”。

1984年9月的一天，日当中午，天气闷热，人们突然被一声巨响所

◆ 百年古树

惊动，抬头望去，只见一缕青烟升上蓝天，“祖宗树”居然粉身碎骨，残体满地，自我爆炸了。

这一现象使人们议论纷纷，大惑不解。这株百年大树为什么会自我爆炸？至今还是一个谜。

药树

◆ “瓜拉那”果子

亚马逊河流域地区的小灌木“瓜拉那”的果实含有性质特别的籽。它能止泻，止神经痛，也有助于排除组织中的积水。由于它所含的咖啡因超过咖啡豆3倍，所以只要把它弄成粉状，空腹吃一汤匙，就会感到精力充沛。在西非的热带草原生长着一种小树，树体内含有大量能杀菌的生物盐，所以，人们称它为“药树”，该树无需加工，就能治疗疟疾、贫血和痢疾。它的树皮、树根晒干后就是天

然的“奎宁”，牙痛者嚼一块“药树”的新鲜树皮，疼痛即消。

世界各地都有药树，然而令人感到不解的是它们的药效各不相同，药理也不相同，成为不解之谜。

◆ “瓜拉那”

会走路的树

南美洲生长着一种既有趣又奇特的植物，名叫卷柏。每当气候干旱，严重缺水的时候，它会自己把根从土壤里拔出来，摇身一变，让整个身体卷缩成一个圆球状。又轻又圆，只要稍有一点儿风，它就能随风在地面上滚动。一旦滚到水分充足的地方，圆球就迅

◆ 卷柏

速地打开，恢复“庐山真面目”。根重新再钻到土壤里，暂时安居下来。如果它又感到水分不足，住得不称心如意时，它又继续把根拔起，再过旅游的生活了。

卷柏就是这样旅游着，有水就往下，无水就滚走，所以难怪有人称它是植物王国中的“旅游者”。

吃人树

在非洲马达加斯加的一个地方，有一种会吃人的树。它的形状像一棵巨大的菠萝，高约10尺，树干呈圆筒状，枝条如蛇形，因此当地人称它为“蛇树”。这种树极为敏感，当鸟儿落在它的枝条上，很快就会被它抓住。

美国植物学家里斯尔曾在1937年亲身感受到蛇树的威力：无意中他的一只手碰到树枝，手很快就被缠住。结果费了很大力气才挣脱出来，但手背的皮肤被拉掉一大块肉。

蛇树为什么会“吃人”，还有待科学家的进一步考证。

◆ 马达加斯加变色龙

能改变味觉的树

◆ 生柿子

糖是甜的，醋是酸的，辣椒是辣的，苦瓜是苦的，生柿子是涩的，不同的食物有不同的味道。然而，在非洲西部的热带森林里，却生长有一种奇异的树，人如果吃下少许它的果实，大约4小时以后，无论再去吃酸的、辣的、苦的，还是涩的食物，人的味觉都会发生奇妙的变化。这时候，人的嘴里苦辣酸涩全都感觉不到，只觉得甜滋滋的。当地的人给这种奇异的树取名叫“神秘果”。

神秘果不但有改变人味觉的神奇作用，而且营养丰富，可以用来制作饮料和糕点。

有趣的是，非洲还有

一种叫森林匙羹藤的植物，它的叶子也能改变人的味觉。不过和神秘果正相反，人吃了它的叶子之后，不管再吃什么甜的东西，都会觉得索然无味了。

360° 全景探秘

最不可思议的异形动植物

最 不 可 思 议 的 异 形 动 植 物

ZUI BU KE SI YI DE YI XING DONG ZHI WU